National Competency Standards
http://www.ncs.go.kr
네일미용직무능력표준학습모듈

NCS 기반 응용네일 실습서

김유정, 한채연

구민사

NCS기반
응용네일 실습서

초 판 인 쇄 | 2020년 10월 20일
초 판 발 행 | 2020년 10월 30일

저 자 | 김유정 · 한채연
발 행 인 | 조규백
발 행 처 | 도서출판 구민사
| (07293)
| 서울특별시 영등포구 문래북로 116, 604호(문래동 3가 46, 트리플렉스)
전 화 | (02) 701-7421(~2)
팩 스 | (02) 3273-9642
홈 페 이 지 | www.kuhminsa.co.kr
신 고 번 호 | 제 2012-000055호(1980년 2월 4일)
I S B N | 979-11-5813-884-4(13590)
정 가 | 12,000원

머리말

네일미용 산업의 발전은 네일 전문가의 성장을 가져왔으며 현대인들에게는 연령층과 성별에 관계없이 청결하고 아름다운 손이 생활의 필수적인 요소로 자리 잡아 가고 있다.

네일미용 산업의 빠른 성장과 더불어 네일 관리가 여성들의 일상생활 깊숙이 관여하고 대중화됨에 따라 네일 관리의 중요성을 인식하고 효과적인 표현이 가능할 수 있도록 올바르게 네일 관리를 해야 할 것이다.

이에 본 실습서는 NCS 교과과정에 따른 능력 단위 수행준거들을 기반으로 제시하였으며, 표준화된 직무를 산업 현장에서 성공적으로 수행 할 수 있도록 주별로 실무와 이론을 학습하고 학습자들이 성취수준을 평가하고 부족한 부분을 피드백 할 수 있도록 체크리스트가 제시되어 있다.

또한 NCS를 기반으로 직무능력 향상을 위해 단계별로 만들어졌으며 학생들은 학습모듈별로 학습목표를 따라 수업내용에 충실히 임하면 산업현장에서 요구하는 실무를 무리없이 수행할 수 있는 결과를 얻게 될 것이다.

학습자는 스스로 배우고자 노력하는 과정에서 성취감을 맛보고 상호실습을 통해 서로의 실습내용을 감상함으로써 타인에 대한 배려심과 바른 인성을 함양하게 된다. 결국은 학생들의 주도하에 학습하고 기술에 대한 의견을 나누고 부족한 부분을 끊임없이 연습하여 스스로의 기술에 확신을 가져야 할 것이다. 이에 본 실습서를 통해 전문적인 지식과 기초 지식은 물론이고 학습자 스스로의 자심감 또한 배양하고자 한다.

마지막으로 본 교재의 출판을 위해 도움을 주신 도서출판 구민사 조규백 대표님과 편집부 여러분께 감사의 뜻을 드린다.

저자 씀

목 차

강/의/계/획/서

직무	능력단위	능력단위코드
04.네일미용	랩 네일	LM1201010405_17v4
	아크릴 네일	LM1201010407_17v4
	팁 위드 파우더	LM1201010417_17v2
	팁 위드 랩	LM1201010419_17v4

교과목 개 요	네일 미용사로서 고객의 미적요구를 충족하기 위한 네일 미용서비스로 고객의 외향적 특징 트랜드 등을 반영하여 적합한 디자인을 설계하고 산업현장에서 기본이 되는 응용 네일을 학습한다. 또한 이에 필요한 네일 팁, 네일 랩, 아크릴릭 네일의 능력을 익히고 실습한다. NCS 능력단위의 수행준거를 기반으로 네일 팁, 네일 랩, 아크릴릭 네일을 배우고 테크닉의 숙련한다. 본 교과는 미용사(네일) 자격증 취득에 필요한 네일 팁, 네일 랩, 아크릴릭 네일의 현장실무 활용을 위한 교과목으로 고객의 외향적 특징 트랜드 등을 반영하여 적합한 디자인을 설계하고 산업현장에서 기본이 되는 응용 네일의 이론과 실습을 공부하고 네일 팁, 네일 랩, 아크릴릭 네일의 과정에서 고객에게 적합한 현장실무에 필요한 능력을 갖춰 줄 수 있다. 본 교과는 1:1 개인 실습 중심의 교과목이며 응용 네일을 공부하기 위한 교과목이다.
교 육 목 표	고객의 네일 보호와 미적 요구 충족을 위하여 네일 위에 전 처리, 랩핑하기, 연장하기, 마무리할 수 있는 능력이다. 네일 연장을 통한 고객의 네일 보호와 미적 요구 충족을 위하여 네일 위에 전 처리 후 폼과 아크릴릭을 적용하고 마무리할 수 있는 능력이다.

교수 · 학습 방 법	a	b	c	d	e	f	g	h
	O	O						
	a. 이론강의 b. 실습 c.발표 d.토론 e.팀프로젝트 f.캡스톤디자인 g.포트폴리오(학습자/교수자) h. 기타							

기자재 및 매체	네일실습도구, 빔프로젝트	
교 재 (NCS 학습모듈)	주교재	어드밴스드 네일
	부교재	NCS기반 응용네일미용실습서
	참고 교재	NCS 학습모듈

강/의/계/획/서

평 가 방 법	a	b	c	d	e	f	g	h	i	j	k	l	m
							O						O
	a. 포트폴리오 b. 문제해결시나리오 c. 서술형시험 d. 논술형시험 e. 사례연구 f. 평가자 질문 g. 평가자 체크리스트 h. 피평가자 체크리스트 i. 일지/저널 j. 역할연기 k. 구두발표 l. 작업장평가 m. 기타 ※ 세부내용은 평가계획서에 기술됨												

직업기초능력 연계 정보		
영역	하위영역	수행준거
의사소통능력 (01)	의사소통능력	의사소통의 개념과 중요성을 설명할 수 있다.
		의사소통의 종류를 설명할 수 있다.
		의사소통 저해요인을 제거할 수 있다.
		의사소통능력을 개발하기 위한 방법을 실천할 수 있다.
		기초외국어능력의 필요성을 설명할 수 있다.

성적분포	A학점(A+~A0) : 35% 이하, B학점이상(A+~B0) : 65% 이하
기타사항	

관련 능력단위요소	수행준거	지식 · 기술 · 태도
랩 연장하기 (1201010405_17v4.03)	3.1. 고객의 요청에 따라 프리에지의 길이를 연장 조형할 수 있다. 3.2. 필러파우더와 네일 접착제로 연장한 랩 네일의 두께를 조절 할 수 있다. 3.3. 고객의 요청에 따라 연장된 랩 네일의 프리에지 형태를 조형할 수 있다. 3.4. 연장된 랩 네일의 표면을 인조네일 구조에 맞춰 정리 할 수 있다.	[지식] 네일 접착제의 특성 대한 지식 네일랩 보강제의 특성에 대한 지식 네일랩 제품의 특성에 대한 지식 인조네일 구조에 대한 지식 인조네일 파일 사용 방법의 이해 프리에지 모양 다듬는 방법의 이해 프리에지 모양의 이해 [기술] 네일 접착제의 특성에 따른 사용 능력 네일랩 보강제의 특성에 따른 사용 능력 네일랩 제품의 특성에 따른 사용 능력 인조네일 구조에 파악 능력 인조네일 표면 정리 능력 파일 사용 능력 프리에지 모양 다듬는 능력 [태도] 네일 길이 연장 시 고객의 요구를 반영하는 자세

		랩 네일 연장 고객을 배려하는 자세 랩 네일 연장을 위한 바른 자세 프리에지 조형 시 고객의 요구를 반영하는 자세
아크릴 원톤 스컬프처하기 (1201010407_17v4.02)	2.1. 시술 매뉴얼에 따라 네일과 폼 사이에 틈이 없도록 폼을 끼워 줄 수 있다. 2.2. 고객의 손 상태에 따라 손 전체의 균형과 방향을 고려하여 폼을 끼울 수 있다.	[지식] 네일 폼 적용방법 네일의 구조 시술 매뉴얼에 대한 이해 [기술] 네일 폼 적용 능력 네일 폼 제거 능력 [태도] 고객에게 불편함을 주지 않기 위한 노력 정확하고 바른 네일 폼 적용 노력
아크릴 프렌치 스컬프처하기 (1201010407_17v4.03)	3.2. 제품 사용법에 따라 아크릴릭 시술을 수행할 수 있다. 3.3. 시술 매뉴얼에 따라 모노머와 폴리머를 적절하게 혼합할 수 있다. 3.6. 고객의 요청에 따라 네일 위에 보강하거나 원톤 스컬프처, 내추럴 스컬프처, 프렌치 스컬프처, 디자인 스컬프처를 선택하여 시술할 수 있다.	[지식] 네일의 구조 모노머의 특성에 대한 지식 모노머의 화학 반응에 대한 지식 시술 매뉴얼에 대한 이해 아크릴릭 전용브러시 사용방법 아크릴릭 전용브러시의 재질에 대한 지식 중합체의 특성에 대한 지식 폴리머의 특성에 대한 지식 [기술] 모노머, 폴리머 분업능력 아크릴릭 시술 능력 인조 네일 모양 보정 능력 [태도] 고객에게 불편함을 주지 않기 위한 노력 브러시를 정확하고 바르게 적용하려는 노력 제품의 안전한 사용을 위한 노력
풀커버팁 작업하기 (1201010417_17v2.02)	2.1. 큐티클 부분 라인의 형태에 따라 풀커버팁을 사전 조형할 수 있다. 2.2. 인조네일 팁 접착제를 사용하여 공기가 들어가지 않도록 접착할 수 있다.	[지식] 네일 접착제를 도포하는 지식 네일 접착제의 특성에 관한 지식 네일팁 구조에 따른 적용 지식 큐티클 부분 라인의 형태를 파악하여 사전 조형하는 지식 풀커버팁 네일 크기를 적용할 수 있는 지식 [기술] 네일 구조에 따라 풀커버팁을 사전 조형할 수 있는 기술 네일 구조에 따라 풀커버팁을 작업하는 기술 네일 접착제의 특성에 따라 활용할 수 있는 기술 풀커버팁 접착에 따른 작업 기술 [태도] 고객에게 불편함을 주지 않기 위한 노력 네일 제품에 대한 안전한 사용을 위한 노력

		작업 완료 후 깨끗하고 청결하게 정리하는 노력 정확하고 바른 파일작업 태도 정확하고 청결한 마무리 태도
프렌치팁 작업하기 (1201010417_17v2.03)	3.1. 자연 네일의 크기에 알맞은 프렌치팁의 크기를 선택할 수 있다. 3.2. 네일 접착제를 사용하여 공기가 들어가지 않도록 프렌치 네일팁을 접착할 수 있다. 3.3. 필러 파우더를 사용하여 인조네일을 조형할 수 있다.	[지식] 네일 구조에 따른 네일팁 적용 지식 네일 프리에지 형태에 대한 지식 프렌치팁의 종류에 대한 지식 [기술] 네일 구조에 따라 프렌치 네일팁을 작업하는 기술 네일 구조에 따라 프렌치팁을 사전 조형할 수 있는 기술 네일 접착제의 특성에 따라 활용할 수 있는 기술 프렌치팁 접착에 따른 작업 기술 [태도] 고객에게 불편함을 주지 않기 위한 노력 네일 제품의 안전한 사용을 위한 노력 정확하고 바른 파일작업 태도 정확하고 청결한 마무리 태도
내추럴팁 작업하기 (1201010417_17v2.04)	4.2. 네일의 상태에 따라 내추럴팁을 사전 조형할 수 있다. 4.3. 인조네일팁 접착제를 사용하여 공기가 들어가지 않도록 접착할 수 있다. 4.4. 내추럴팁의 팁 턱을 자연 네일의 손상 없이 제거할 수 있다. 4.5. 필러 파우더를 사용하여 내추럴팁의 구조를 조형할 수 있다. 4.6. 인조네일 구조 완성을 위하여 네일 파일을 선택하여 작업할 수 있다.	[지식] 내추럴팁 접착제 사용 방법에 대한 지식 내추럴팁 종류에 대한 지식 네일 파일의 사용 방법에 대한 지식 네일 파일의 종류에 대한 지식 [기술] 내추럴팁 구조에 따라 사전 조형할 수 있는 기술 내추럴팁 접착기술 네일 구조에 따라 내추럴팁을 작업하는 기술 네일 접착제의 특성에 따라 활용할 수 있는 기술 [태도] 고객에게 불편함을 주지 않기 위한 노력 정확하고 바른 파일작업 태도 정확하고 청결한 마무리 태도 제품의 안전한 사용을 위한 노력
랩 네일 네일팁 적용하기 (1201010405_17v4.01)	1.2. 고객의 취향에 따라 다양한 디자인팁을 선택할 수 있다. 1.3. 자연 네일의 상태에 따라 접착제를 선택 할 수 있다. 1.4. 손가락과 손톱 방향 상태에 따라 네일팁을 부착 할 수 있다. 1.5. 네일팁의 종류에 따라 팁과 자연 네일의 단차를 제거 할 수 있다.	[지식] 네일 구조에 대한 지식 네일 접착제에 대한 지식 네일팁에 대한 지식 디자인팁 활용 지식 [기술] 네일 구조에 대한 적용 능력 네일 접착제를 사용하여 작업하는 기술 네일팁에 대한 능력 [태도] 고객에게 불편함을 주지 않기 위한 노력 정확하고 바른 네일팁 부착자세 제품의 안전한 사용을 위한 노력

네일랩 적용하기 (1201010405_17v4.02)	2.2. 인조네일의 보강을 위하여 랩 화장물을 순서에 따라 적용할 수 있다. 2.3. 랩과 접착제의 경화를 위해 글루 경화 촉진제를 적용 할 수 있다. 2.4. 팁 위드 랩 네일의 형태를 조형할 수 있다.	[지식] 경화제에 대한 지식 랩에 대한 지식 오버레이에 대한 지식 접착제에 대한 지식 [기술] 글루 경화 촉진제 적용 능력 네일 접착제를 사용하여 작업하는 기술 랩에 대한 적용 능력 오버레이 적용 능력 [태도] 고객에게 불편함을 주지 않기 위한 노력 정확하고 바른 오버레이 자세 제품과 글루 경화 촉진제의 안전한 사용을 위한 노력
네일 파일 적용하기 (1201010405_17v4.03)	3.1. 팁 위드 랩 네일의 형태 완성을 위하여 네일 파일을 선택하여 작업할 수 있다. 3.2. 인조네일의 견고함을 위하여 네일 구조에 맞춘 파일 작업을 할 수 있다. 3.3. 광택과 완성도를 위하여 순차적인 네일 파일을 선택하여 작업 할 수 있다.	[지식] 네일 구조에 대한 지식 네일 파일에 대한 지식 [기술] 네일 파일 특성에 따른 사용 능력 파일작업 능력 [태도] 고객에게 불편함을 주지 않기 위한 노력 정확하고 바른 네일 파일작업 자세 제품의 안전한 사용을 위한 노력

주차별 학습내용	
(1) 주차 학습내용	
관련 능력단위요소 (코드)	수행준거
풀커버팁 작업하기 (1201010417_17v2.02)	2.1. 큐티클 부분 라인의 형태에 따라 풀커버팁을 사전 조형할 수 있다.
	2.2. 인조네일 팁 접착제를 사용하여 공기가 들어가지 않도록 접착할 수 있다.
수업내용	풀커버팁 작업을 할 수 있다.
수업 활동	오리엔테이션 진단평가
수업 방법/ 기자재 및 매체	네일실습재료, 교재

<table>
<tr><th colspan="3">(2) 주차 학습내용</th></tr>
<tr><th colspan="2">관련 능력단위요소 (코드)</th><th>수행준거</th></tr>
<tr><td colspan="2" rowspan="3">프렌치팁 작업하기
(1201010417_17v2)</td><td>3.1. 자연 네일의 크기에 알맞은 프렌치팁의 크기를 선택할 수 있다.</td></tr>
<tr><td>3.2. 네일 접착제를 사용하여 공기가 들어가지 않도록 프렌치 네일팁을 접착할 수 있다.</td></tr>
<tr><td>3.3. 필러 파우더를 사용하여 인조네일을 조형할 수 있다.</td></tr>
<tr><th>수업내용</th><td colspan="2">프렌치팁 작업을 할 수 있다.</td></tr>
<tr><th>수업 활동</th><td colspan="2">강의(이론 및 실습)</td></tr>
<tr><th>수업 방법/
기자재 및 매체</th><td colspan="2">네일실습재료, 교재</td></tr>
<tr><th colspan="3">(3) 주차 학습내용</th></tr>
<tr><th colspan="2">관련 능력단위요소 (코드)</th><th>수행준거</th></tr>
<tr><td colspan="2" rowspan="5">내추럴팁 작업하기
(1201010417_17v2)</td><td>4.2. 네일의 상태에 따라 내추럴팁을 사전 조형할 수 있다.</td></tr>
<tr><td>4.3. 인조네일팁 접착제를 사용하여 공기가 들어가지 않도록 접착할 수 있다.</td></tr>
<tr><td>4.4. 내추럴팁의 팁 턱을 자연 네일의 손상 없이 제거할 수 있다.</td></tr>
<tr><td>4.5. 필러 파우더를 사용하여 내추럴팁의 구조를 조형할 수 있다.</td></tr>
<tr><td>4.6. 인조네일 구조 완성을 위하여 네일 파일을 선택하여 작업할 수 있다.</td></tr>
<tr><th>수업내용</th><td colspan="2">네추럴팁 작업을 할 수 있다.</td></tr>
<tr><th>수업 활동</th><td colspan="2">강의(이론 및 실습)</td></tr>
<tr><th>수업 방법/
기자재 및 매체</th><td colspan="2">네일실습재료, 교재</td></tr>
<tr><th colspan="3">(4) 주차 학습내용</th></tr>
<tr><th colspan="2">관련 능력단위요소 (코드)</th><th>수행준거</th></tr>
<tr><td colspan="2" rowspan="4">랩 네일 네일팁 적용하기
(1201010405_17v4)</td><td>1.2. 고객의 취향에 따라 다양한 디자인팁을 선택 할 수 있다.</td></tr>
<tr><td>1.3. 자연 네일의 상태에 따라 접착제를 선택 할 수 있다.</td></tr>
<tr><td>1.4. 손가락과 손톱 방향 상태에 따라 네일팁을 부착 할 수 있다.</td></tr>
<tr><td>1.5. 네일팁의 종류에 따라 팁과 자연 네일의 단차를 제거 할 수 있다.</td></tr>
<tr><th>수업내용</th><td colspan="2">랩을 이용하여 네일팁에 적용 할 수 있다.</td></tr>
<tr><th>수업 활동</th><td colspan="2">강의(이론 및 실습)</td></tr>
<tr><th>수업 방법/
기자재 및 매체</th><td colspan="2">네일실습재료, 교재</td></tr>
</table>

<table>
<tr><th colspan="3">(5) 주차 학습내용</th></tr>
<tr><th colspan="2">관련 능력단위요소 (코드)</th><th>수행준거</th></tr>
<tr><td colspan="2" rowspan="3">네일랩 적용하기
(1201010405_17v4)</td><td>2.2. 인조네일의 보강을 위하여 랩 화장물을 순서에 따라 적용할 수 있다.</td></tr>
<tr><td>2.3. 랩과 접착제의 경화를 위해 글루 경화 촉진제를 적용 할 수 있다.</td></tr>
<tr><td>2.4. 팁 위드 랩 네일의 형태를 조형할 수 있다.</td></tr>
<tr><td>수업내용</td><td colspan="2">네일랩을 할 수 있다.</td></tr>
<tr><td>수업 활동</td><td colspan="2">강의(이론 및 실습)</td></tr>
<tr><td>수업 방법/
기자재 및 매체</td><td colspan="2">네일실습재료, 교재</td></tr>
<tr><th colspan="3">(6) 주차 학습내용</th></tr>
<tr><th colspan="2">관련 능력단위요소 (코드)</th><th>수행준거</th></tr>
<tr><td colspan="2" rowspan="3">네일 파일 적용하기
(1201010405_17v4)</td><td>3.1. 팁 위드 랩 네일의 형태 완성을 위하여 네일 파일을 선택하여 작업할 수 있다.</td></tr>
<tr><td>3.2. 인조네일의 견고함을 위하여 네일 구조에 맞춘 파일 작업을 할 수 있다.</td></tr>
<tr><td>3.3. 광택과 완성도를 위하여 순차작인 네일 파일을 선택하여 작업 할 수 있다.</td></tr>
<tr><td>수업내용</td><td colspan="2">팁 위드 랩의 네일의 형태 완성을 위해 적절한 네일 파일을 선택하여 작업 할 수 있다.</td></tr>
<tr><td>수업 활동</td><td colspan="2">강의(이론 및 실습)</td></tr>
<tr><td>수업 방법/
기자재 및 매체</td><td colspan="2">네일실습재료, 교재</td></tr>
<tr><th colspan="3">(7) 주차 학습내용</th></tr>
<tr><th colspan="2">관련 능력단위요소 (코드)</th><th>수행준거</th></tr>
<tr><td colspan="2" rowspan="4">랩 네일 네일팁 적용하기
(1201010405_17v4)</td><td>1.2. 고객의 취향에 따라 다양한 디자인팁을 선택 할 수 있다.</td></tr>
<tr><td>1.3. 자연 네일의 상태에 따라 접착제를 선택 할 수 있다.</td></tr>
<tr><td>1.4. 손가락과 손톱 방향 상태에 따라 네일팁을 부착 할 수 있다.</td></tr>
<tr><td>1.5. 네일팁의 종류에 따라 팁과 자연 네일의 단차를 제거 할 수 있다.</td></tr>
<tr><td colspan="2">네일랩 적용하기
(1201010405_17v4)</td><td>2.2. 인조네일의 보강을 위하여 랩 화장물을 순서에 따라 적용할 수 있다.</td></tr>
</table>

강/의/계/획/서

관련 능력단위요소 (코드)	수행준거
네일랩 적용하기 (1201010405_17v4)	2.3. 랩과 접착제의 경화를 위해 글루 경화 촉진제를 적용 할 수 있다. 2.4. 팁 위드 랩 네일의 형태를 조형할 수 있다.
네일 파일 적용하기 (1201010405_17v4)	3.1. 팁 위드 랩 네일의 형태 완성을 위하여 네일 파일을 선택하여 작업할 수 있다. 3.2. 인조네일의 견고함을 위하여 네일 구조에 맞춘 파일 작업을 할 수 있다. 3.3. 광택과 완성도를 위하여 순차작인 네일 파일을 선택하여 작업 할 수 있다.
수업내용	팁 위드 랩 실기를 할 수 있다.
수업 활동	강의(이론 및 실습)
수업 방법/ 기자재 및 매체	네일실습재료, 교재

(8) 주차 학습내용

관련 능력단위요소 (코드)	수행준거
내추럴팁 작업하기 (1201010417_17v2)	4.3. 인조네일팁 접착제를 사용하여 공기가 들어가지 않도록 접착할 수 있다.
랩 네일 네일팁 적용하기 (1201010405_17v4)	1.5. 네일팁의 종류에 따라 팁과 자연 네일의 단차를 제거 할 수 있다.
네일랩 적용하기 (1201010405_17v4)	2.4. 팁 위드 랩 네일의 형태를 조형할 수 있다.
네일 파일 적용하기 (1201010405_17v4)	3.3. 광택과 완성도를 위하여 순차작인 네일 파일을 선택하여 작업 할 수 있다.
수업내용	1차 직무수행능력평가
수업 활동	직무수행능력평가
수업 방법/ 기자재 및 매체	네일실습재료, 교재

(9) 주차 학습내용

관련 능력단위요소 (코드)	수행준거
랩 연장하기 (1201010419_17v4)	3.1. 고객의 요청에 따라 프리에지의 길이를 연장 조형할 수 있다. 3.2. 필러파우더와 네일 접착제로 연장한 랩 네일의 두께를 조절 할 수 있다.

수업내용	랩 연장을 할 수 있다.
수업 활동	피드백 강의(이론 및 실습)
수업 방법/ 기자재 및 매체	네일실습재료, 교재

(10) 주차 학습내용

관련 능력단위요소 (코드)	수행준거
랩 연장하기 (1201010419_17v4)	3.3. 고객의 요청에 따라 연장된 랩 네일의 프리에지 형태를 조형할 수 있다.
	3.4. 연장된 랩 네일의 표면을 인조네일 구조에 맞춰 정리 할 수 있다.

수업내용	랩 연장을 할 수 있다.
수업 활동	강의(이론 및 실습)
수업 방법/ 기자재 및 매체	네일실습재료, 교재

(11) 주차 학습내용

관련 능력단위요소 (코드)	수행준거
랩 연장하기 (1201010419_17v4)	3.1. 고객의 요청에 따라 프리에지의 길이를 연장 조형할 수 있다.
	3.2. 필러파우더와 네일 접착제로 연장한 랩 네일의 두께를 조절 할 수 있다.
	3.3. 고객의 요청에 따라 연장된 랩 네일의 프리에지 형태를 조형할 수 있다.
	3.4. 연장된 랩 네일의 표면을 인조네일 구조에 맞춰 정리 할 수 있다.

수업내용	랩 연장을 할 수 있다.
수업 활동	강의(이론 및 실습)

(12) 주차 학습내용

관련 능력단위요소 (코드)	수행준거
아크릴 원톤 스컬프처하기 (1201010407_17v4)	2.1. 시술 매뉴얼에 따라 네일과 폼 사이에 틈이 없도록 폼을 끼워 줄 수 있다.

강/의/계/획/서

관련 능력단위요소 (코드)	수행준거
아크릴 원톤 스컬프처하기 (1201010407_17v4)	2.2. 고객의 손 상태에 따라 손 전체의 균형과 방향을 고려하여 폼을 끼울 수 있다.

수업내용	아크릴 원톤 스컬프처를 할 수 있다.
수업 활동	강의(이론 및 실습)
수업 방법/ 기자재 및 매체	네일실습재료, 교재

(13) 주차 학습내용

관련 능력단위요소 (코드)	수행준거
아크릴 프렌치 스컬프처하기 (1201010407_17v4)	3.2. 제품 사용법에 따라 아크릴릭 시술을 수행할 수 있다.
	3.3. 시술 매뉴얼에 따라 모노머와 폴리머를 적절하게 혼합할 수 있다.
	3.6. 고객의 요청에 따라 네일 위에 보강하거나 원톤 스컬프처, 내추럴 스컬프처, 프렌치 스컬프처, 디자인 스컬프처를 선택하여 시술할 수 있다.

수업내용	아크릴 프렌치 스컬프처를 할 수 있다.
수업 활동	강의(이론 및 실습)
수업 방법/ 기자재 및 매체	네일실습재료, 교재

(14) 주차 학습내용

관련 능력단위요소 (코드)	수행준거
아크릴 원톤 스컬프처하기 (1201010407_17v4)	2.1. 시술 매뉴얼에 따라 네일과 폼 사이에 틈이 없도록 폼을 끼워 줄 수 있다.
	2.2. 고객의 손 상태에 따라 손 전체의 균형과 방향을 고려하여 폼을 끼울 수 있다.
아크릴 프렌치 스컬프처하기 (1201010407_17v4)	3.2. 제품 사용법에 따라 아크릴릭 시술을 수행할 수 있다.
	3.3. 시술 매뉴얼에 따라 모노머와 폴리머를 적절하게 혼합할 수 있다.
	3.6. 고객의 요청에 따라 네일 위에 보강하거나 원톤 스컬프처, 내추럴 스컬프처, 프렌치 스컬프처, 디자인 스컬프처를 선택하여 시술할 수 있다.

수업내용	아크릴 원톤과 프렌치 스컬프처를 할 수 있다.
수업 활동	진단평가

수업 활동	강의(이론 및 실습)
수업 방법/ 기자재 및 매체	네일실습재료, 교재

(15) 주차 학습내용	
수업내용	보강
수업 활동	보강
수업 방법/ 기자재 및 매체	네일실습재료, 교재

(16) 주차 학습내용	
관련 능력단위요소 (코드)	수행준거
랩 연장하기 (1201010419_17v4)	3.1. 고객의 요청에 따라 프리에지의 길이를 연장 조형할 수 있다.
	3.2. 필러파우더와 네일 접착제로 연장한 랩 네일의 두께를 조절 할 수 있다.
	3.3. 고객의 요청에 따라 연장된 랩 네일의 프리에지 형태를 조형할 수 있다.
	3.4. 연장된 랩 네일의 표면을 인조네일 구조에 맞춰 정리 할 수 있다.
수업내용	2차 직무수행능력평가
수업 활동	직무수행능력평가
수업 방법/ 기자재 및 매체	네일실습재료, 교재

※비정규과정:심화 평가/향상 평가(재평가) 및 외부산업체 인사(현장전문가)특강

실/험/실/습/계/획/서

교과목명	응용네일미용	이수구분	전선	학 점	02
대상학과	뷰티약손미용과	대상학년	1	시 수 (이론/실습시간)	3.00 (1 / 2.00)

주	실험·실습 내용	사용기자재 및 물품	소모품 및 수량
1	오리엔테이션, 응용네일미용실무의 이론적 배경 및 기초	빔프러젝트, 테이블, 의자 등	소독 용기, 네일 클리퍼, 네일 더스트 브러시, 큐티클 푸셔, 큐티클 니퍼, 자연 네일용 파일
2	네일 전 처리하기	빔프러젝트, 테이블, 의자 등	인조 네일용 파일, 네일 더스트 브러시. 샌딩 파일, 지혈제, 필러 파우더, 네일 접착제, 건조 활성제, 오렌지 우드스틱, 지혈제, 탈지면, 키친타월, 인조 네일용 파일, 샌딩 파일
3	네일 팁 접착하기	빔프러젝트, 테이블, 의자 등	인조 네일용 파일, 네일 더스트 브러시, 필러 파우더, 네일 접착제, 건조 활성제, 오렌지 우드스틱, 지혈제, 탈지면, 키친타월, 인조 네일용 파일, 샌딩 파일
4	네일 팁 표면정리하기	빔프러젝트, 테이블, 의자 등	인조 네일용 파일, 네일 더스트 브러시, 필러 파우더, 네일 접착제, 건조 활성제, 오렌지 우드스틱, 지혈제, 탈지면, 키친타월, 인조 네일용 파일, 샌딩 파일
5	오버레이하기- 랩	빔프러젝트, 테이블, 의자 등	네일 랩(실크), 가위, 네일 접착제, 건조 활성제, 지혈제, 탈지면, 키친타월, 오렌지 우드스틱
6	오버레이하기 - 아크릴	빔프러젝트, 테이블, 의자 등	아크릴 파우더(투명), 아크릴 리퀴드, 오렌지 우드스틱, 아크릴 브러시, 다펜디시, 키친타월
7	네일 랩핑하기	빔프러젝트, 테이블, 의자 등	네일 랩(실크), 가위, 네일 접착제, 건조 활성제, 지혈제, 탈지면, 키친타월, 오렌지 우드스틱
8	1차 직무수행능력평가	빔프러젝트, 테이블, 의자 등	네일용 접착제, 네일용 접착제 드라이, 패브릭 랩(실크) , 필러 파우더, 컴퓨터, 빔 프로젝트, 스크린, 자외선 소독기 또는 알코올 소독기, 네일 클리퍼, 네일 파일, 더스트 브러시, 랩 재단 가위, 푸셔, 니퍼, 보안경, 마스크, 가운
9	네일 폼 적용하기	빔프러젝트, 테이블, 의자 등	네일 폼, 실크 가위, 빔 프로젝트, 스크린, 컴퓨터, 폴리머(아크릴 파우더), 모노머(아크릴 리퀴드), 위생 봉투, 아크릴 브러시, 다펜디시, 더스트 브러시

주	실험·실습 내용	사용기자재 및 물품	소모품 및 수량
10	아크릴릭 적용하기 - 원톤 스컬프처	빔프러젝트, 테이블, 의자 등	네일 폼, 실크 가위, 빔 프로젝트, 스크린, 컴퓨터, 폴리머(아크릴 파우더), 모노머(아크릴 리퀴드), 위생 봉투, 아크릴 브러시, 다펜디시, 더스트 브러시
11	아크릴릭 적용하기 - 내츄럴 스컬프처	빔프러젝트, 테이블, 의자 등	네일 폼, 실크 가위, 빔 프로젝트, 스크린, 컴퓨터, 폴리머(아크릴 파우더), 모노머(아크릴 리퀴드), 위생 봉투, 아크릴 브러시, 다펜디시, 더스트 브러시

CHAPTER

1

네일 팁

01 주차 네일 전 처리하기

네일 화장물 적용 전 처리(LM1201010413_17v2)

01 학습모듈 개요

네일 폴리시와 인조 네일 화장물의 접착력을 높이기 위하여 네일 표면을 사전 작업할 수 있다.

02 학습 목표

① 고객의 요청에 따라 작업에 적합한 네일 길이 및 모양을 만들 수 있다.

② 네일 상태에 따라 표면을 정리하여 일반 네일 폴리시 혹은 젤 네일 폴리시의 밀착력을 높일 수 있다.

③ 네일 상태에 따라 큐티클과 유분기 잔여물을 제거할 수 있다.

03 학습 내용

1 네일 전 처리 하기

(1) 자연 네일의 표면 정리

자연 네일의 미세한 요철을 정리하고 이를 통해 유분과 수분을 제거함으로 네일 표면의 이물질을 제거한다. 네일 화장물 적용 전 표면 정리 과정은 매우 중요한데, 이를 통해 유지력 증가와 유지 기간 향상을 하기 때문이다.

(2) 전 처리 시 큐티클 제거의 목적

미용 목적 외에도 네일 화장물 적용을 강화하기 위하여 작업 해준다. 큐티클은 네일 루트에 세

균이 들어가는 것을 막아주는 역할을 하므로, 지나치게 제거하는 것 보다는 네일 보디 위로 자리한 큐티클을 정리하여 네일 화장물 작업 시 표면과 들뜨지 않고 밀착하도록 한다.

(3) 전 처리 시 네일 주변의 거스러미 정리 목적

네일 주변의 각질들은 네일의 완성도를 낮추며, 유지력에도 영향을 준다. 네일 보디 주변의 각질과 불필요한 거스러미를 푸셔, 니퍼, 오일 파일 등을 활용하여 정리하면 네일 화장물의 완성도와 함께 유지력도 향상할 수 있다.

안전 유의사항

과도한 파일링으로 자연 네일이 손상되지 않도록 하며, 자연 네일용 파일은 소독된 것으로 사용하거나 일회용을 준비한다.

04 수행 내용

1 네일 표면 정리하기

(1) 네일 표면 파일을 위한 파일을 선택한다.

네일의 상태에 따라 선택하는데 180그릿 이상의 파일 또는 샌딩블럭 등을 사용해준다.

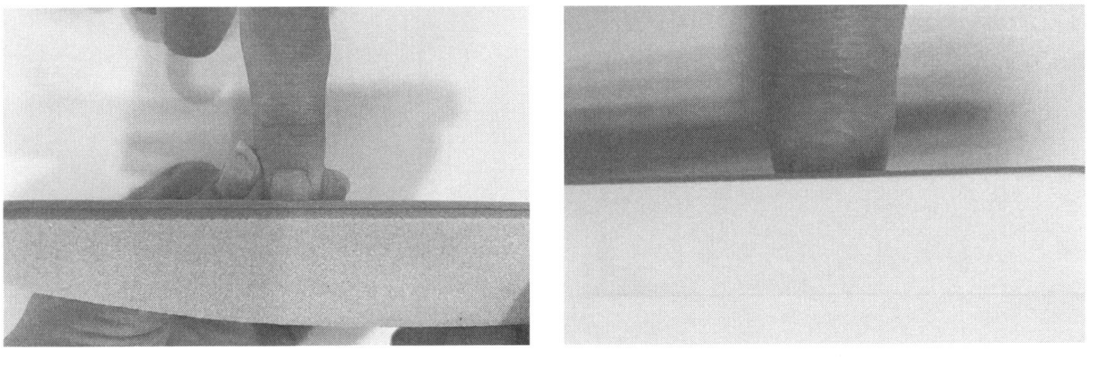

▌네일 파일의 선택▐

(2) 네일 표면을 전체적으로 가볍게 파일링 하기

① 네일 주변 피부와 근접한 네일 보디부터 파일링해준다.

② 네일 보디 전체를 가볍게 파일링한다.

③ 네일 표면 각질의 방향에 따라 세로로 표면을 정리해준다.

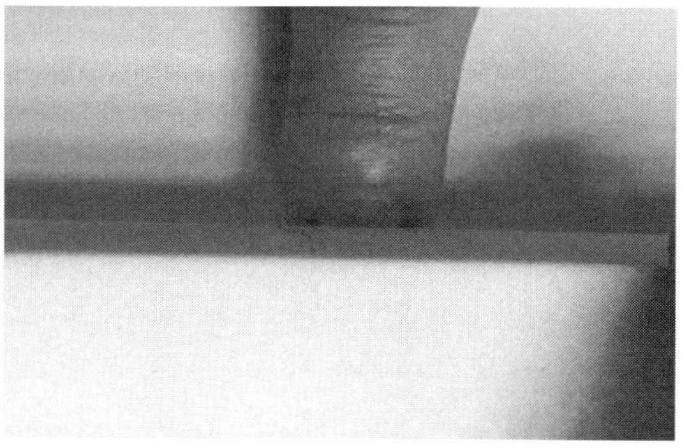

▌네일 표면 파일링▐

(3) 프리에지 파일링하기

프리에지의 단면을 중심으로 스트레스 포인트부터 프리에지 아랫면까지 파일링을 해준다.

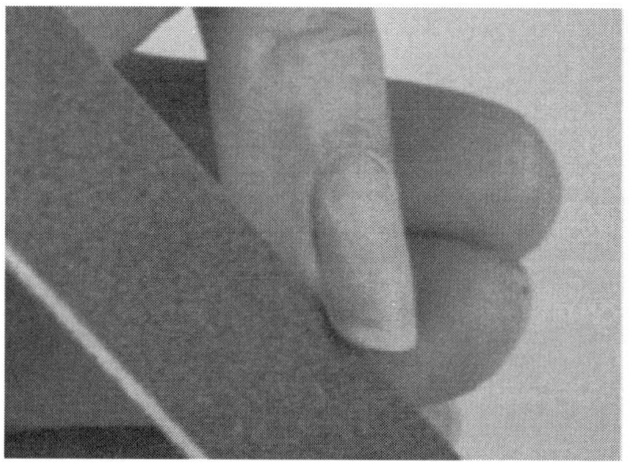
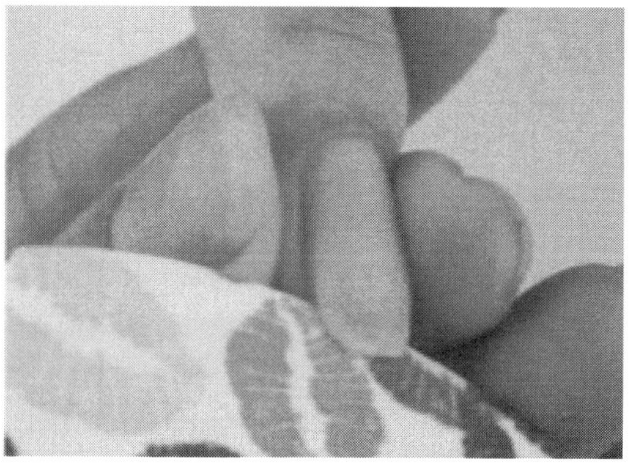

▌프리에지 파일링▐

(4) 자연 네일 표면의 분진을 제거해 준다.

① 더스트 브러시를 사용하여 분진을 제거한다.

② 자연 네일 주변의 이물질과 자연 네일의 뒷면과 하이포니키움 주변의 분진을 함께 제거해 준다.

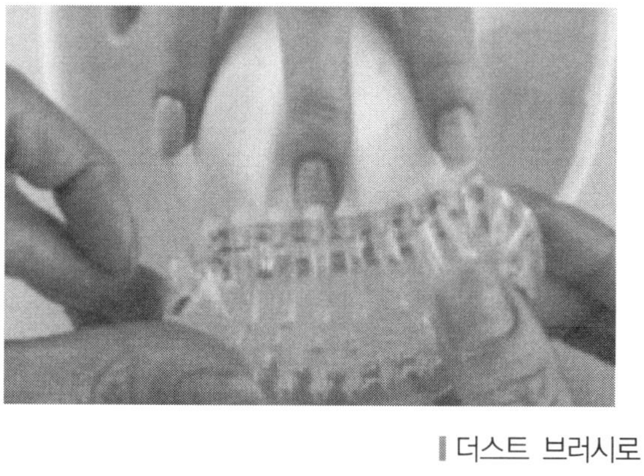
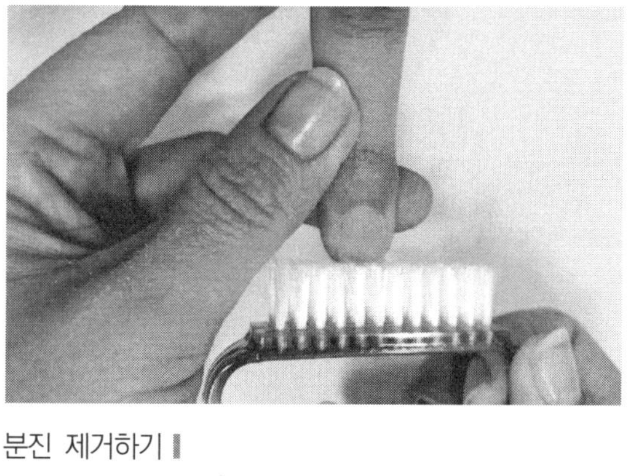

▌더스트 브러시로 분진 제거하기▐

2 큐티클과 네일 주변 거스러미 정리하기

(1) 네일 화장물 적용을 위해 큐티클과 주변 거스러미를 정리한다.

① 큐티클 연화제를 사용하여 큐티클 주변에 도포한다.

② 미온수가 담긴 핑거볼에 큐티클을 불려준다.

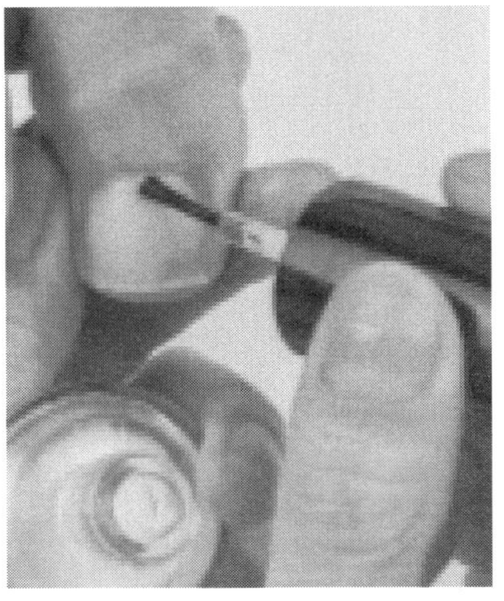
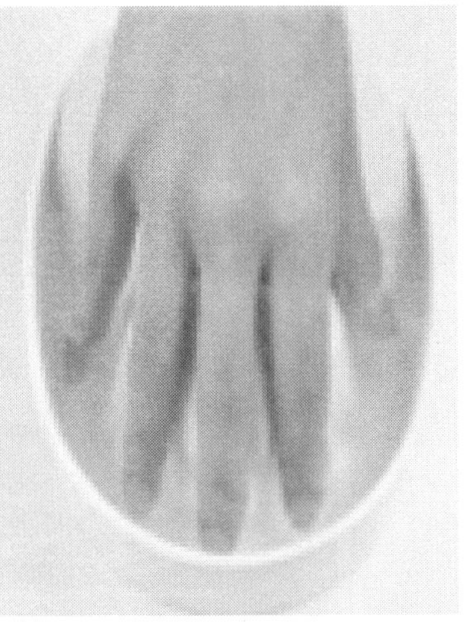

▌큐티클 연화하기▐

(2) 푸셔를 사용하여 큐티클을 밀어 올려준다.

① 큐티클 푸셔의 각도는 45°를 유지하고 올려준다.

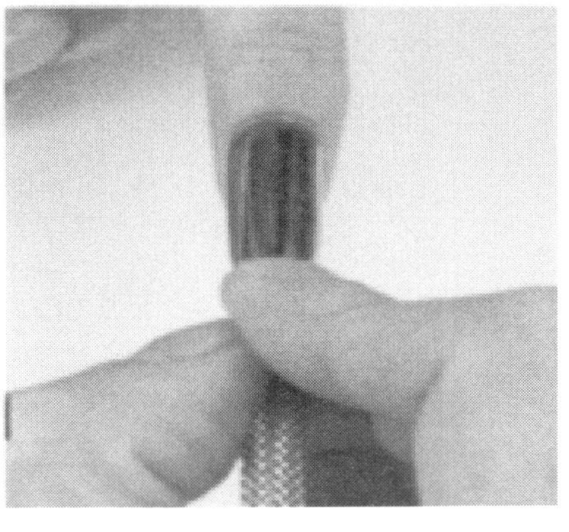
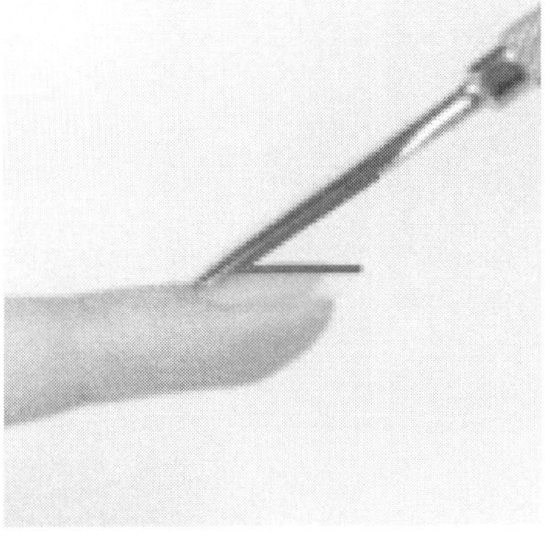

▌큐티클 푸셔로 큐티클 밀어 올리기▐

(3) 니퍼로 큐티클과 네일 주변의 거스러미를 제거해준다.

① 방해되는 불필요한 큐티클을 가볍게 제거해준다.

② 작업 시 방해되는 불필요한 네일 주변 거스러미를 가볍게 제거해준다.

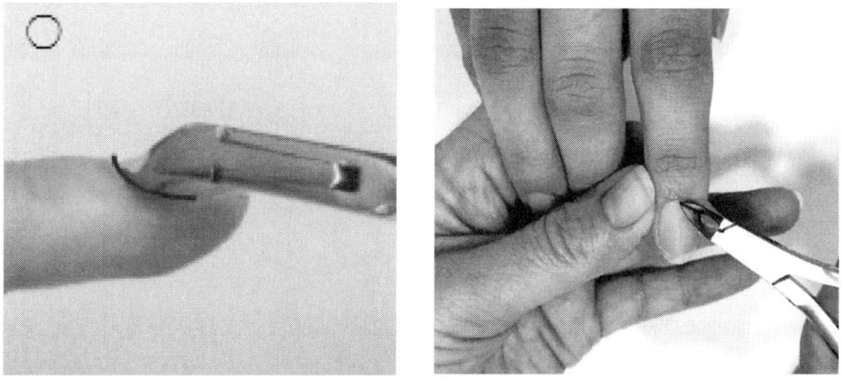

❚ 니퍼로 큐티클 제거하기 ❚

(4) 네일 파일 및 스톤 푸셔로 큐티클을 정리한다.

① 큐티클 주변의 네일 표면 정리를 한다.

② 네일 그루브 주변과 프리에지 옆면 직선 부분을 연결하여 정리해준다.

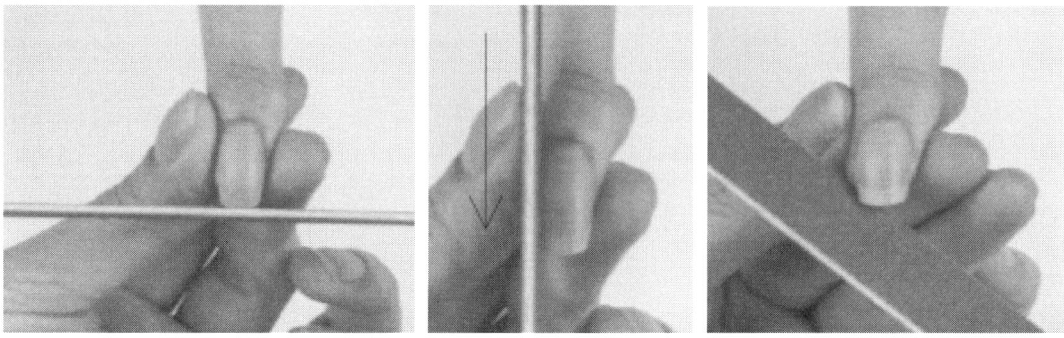

❚ 네일 파일 큐티클 정리 ❚

(5) 멸균 거즈로 큐티클을 정리해준다.

① 멸균 거즈로 큐티클 주변의 네일 표면을 정리해준다.

② 그루브 주변의 네일 표면과 프리에지 옆면 직선 부분을 연결하여 정리해준다.

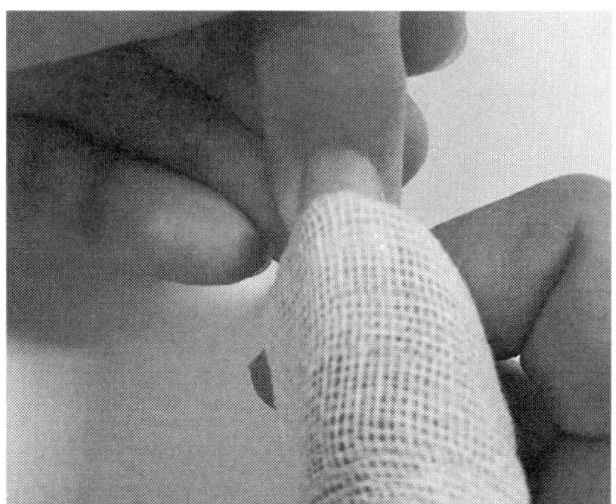

❚ 멸균 거즈로 네일주변 정리 ❚

(6) 네일 파일로 네일 주변을 정리해준다.

① 네일 파일을 가볍게 잡고 네일 그루브와 네일 월의 거스러미를 파일링 해준다.

② 프리에지 주변의 각질과 네일 폴드의 거스러미를 전체적으로 가볍게 파일링 한다.

3 유분기와 잔여물 제거하기

(1) 오렌지우드스틱과 솜을 사용하여 네일 표면의 유분기를 제거한다.

① 오렌지우드스틱에 소량의 탈지면을 감싼다.

② 일반 네일 폴리시리무버를 묻힌 후 탈지면을 정리한다.

③ 피부 경계선의 네일과 프리에지의 유분기를 제거하고 새 탈지면을 준비하여 네일 표면의 유분기를 제거하며 마무리한다.

(2) 거즈를 이용하여 네일 표면의 유분기를 제거한다.

① 거즈를 엄지손가락에 감고 작업이 용이하도록 남은 거지는 손바닥으로 고정한다.

② 거즈를 감은 엄지손가락에 폴리시리무버를 묻힌다.

③ 피부 경계선의 네일 표면과 프리에지의 유분기를 제거해 준 후 거즈의 깨끗한 면을 다시 감아 네일 표면의 유분기를 제거한 후 마무리한다.

05 교수 · 학습 방법

1 교수 방법

① 네일 파일별 사용방법과 적용 부위를 설명한다.

② 자연 네일의 표면 에칭 시 네일 파일은 180그릿 이상의 파일 사용을 지도한다.

③ 네일 밑 부분의 하이포니키움의 경계를 살피도록 지도한다.

④ 네일 더스트 브러시 사용 시에는 네일의 표면뿐만 아니라 네일 밑쪽까지 세심하게 분진을 정리하도록 지도하고, 멸균 거즈의 활용 또한 지도한다.

2 학습 방법

① 네일 구조와 명칭을 숙지하고 진행 과정에 맞추어 내용을 이해한다.

② 적합한 네일 파일을 선택하여 네일 표현 정리 시 사용한다.

③ 멸균 거즈 또는 소독된 네일 더스트 브러시를 사용하여 분진을 제거한다.

④ 작업 후 작업 테이블의 정리를 하도록 한다.

06 평가

1 평가 준거

평가자는 학습자가 수행준거 및 평가항목에 제시되어 있는 내용을 성공적으로 수행하였는지를 평가해야 한다.

2 평가 방법

평가자 체크리스트

학습내용	평가항목	성취 수준		
		상	중	하
자연 네일의 길이와 모양정리	- 고객의 요청에 따라 적합한 네일 길이와 모양을 만드는 방법을 서술			
	- 고객의 요청에 따라 작업에 적합한 네일 길이 및 모양을 만드는 방법을 서술			
자연 네일의 표면정리	- 네일 상태에 따라 표면을 정리하여 일반 네일 폴리시의 밀착력을 높이는 방법을 서술			
	- 네일 상태에 따라 표면정리를 통하여 젤 네일 폴리시의 밀착력을 높이는 방법을 서술			
	- 네일 상태에 따라 표면정리를 통하여 인조 네일 화장물의 밀착력을 높이는 방법을 서술			
큐티클과 네일 주변 거스러미 정리	- 네일 상태에 따라 큐티클을 정리하는 방법을 서술			

* 피드백- 평가자 체크리스트
고객의 요청에 따라 작업에 적합한 네일 길이 및 모양을 만드는 능력을 평가한다.
네일 상태에 따라 유분기와 잔여물 제거 능력을 평가한다.

02 주차 네일 팁 접착하기

팁 위드 파우더(LM1201010417_17v2)

01 학습모듈 개요

네일 팁을 사용하여 길이를 연장하고 조형할 수 있다.

02 학습 목표

① 고객의 요청에 따라 다양한 네일 팁을 선택할 수 있다.

② 자연 네일의 모양과 크기에 따라 적합한 네일 팁을 선택할 수 있다.

③ 큐티클 부분 라인의 형태에 따라 풀 커버 팁을 사전 조형할 수 있다.

03 학습 내용

1 네일 팁 접착하기

(1) 네일 팁(Nail Tip)

네일 팁은 플라스틱, 나일론, 아세테이트 등의 재질로 형태가 만들어진 인조 손톱이다. 네일 길이를 연장하는 목적으로 사용되며, 네일 팁은 크게 풀 커버 팁, 프렌치 팁, 내추럴 팁으로 구분된다.

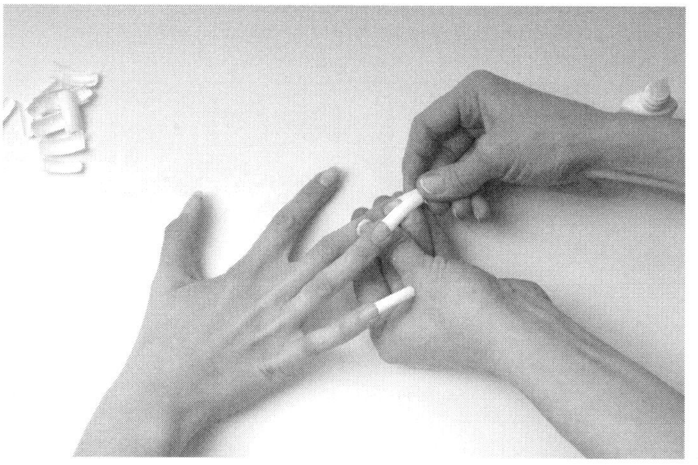

① 네일 팁의 크기

네일 팁은 크기별로 1~10 단위로 분류되어 있으며 번호가 작을수록 사이즈가 크다.

② 네일 팁의 형태

네일 팁은 정면에서 보았을 때 일직선 형태의 네일 팁과 끝부분이 좁아지는 내로 형태의 네일 팁으로 구분되며, 옆선의 형태도 일직선의 형태와 곡선의 형태로 구분할 수 있다.

③ 네일 팁의 종류

- 풀 커버 팁(Full Cover Tip)
  자연 네일 전체에 접착하는 방식으로 풀 팁이라고도 함
- 프렌치 팁(French Tip)
  자연 네일의 프리에지에 접착하여 프렌치 스타일로 완성되는 네일 팁
- 내추럴 팁(Natural Tip)
  자연 네일의 길이를 자연스럽게 연장하기 위하여 사용하는 내추럴 컬러의 네일 팁

(2) 사전 준비

① 테이블을 소독한다.

② 테이블 위에 흰색 타월을 깔고, 그 위에 페이퍼 타월을 준비한다.

③ 네일 재료들을 바구니에 정리한다.

④ 위생 봉지를 테이블 한쪽에 붙인다.

(3) 재료 및 도구

프렌치 팁, 클리퍼, 팁 커터기, 글루, 젤 글루, 필러 파우더, 글루 드라이, 파일, 광파일, 샌딩 파일, 우드 파일, 오렌지우드스틱, 더스트 브러시, 큐티클 오일, 디자인 패드

(4) 네일 팁 선택 방법

다양한 자연 네일의 크기와 모양에 따른 알맞은 네일 팁을 선택한다.

① 앞면에서 보았을 때 아래로 처진 자연 네일은 옆선이 일직선인 네일 팁을 선택하면 네일이 아래로 처져 보이는 현상을 줄일 수 있다.

② 옆면에서 보았을 때 위로 솟아오른 자연 네일은 옆선에 커브가 있는 네일 팁을 선택 하면 옆선에 자연스러운 곡선을 나타낼 수 있다.

③ 자연 네일이 크고 넓은 경우에는 끝 부분이 좁아지는 내로 팁을 선택하면 네일이 길고 좁게 보여지는 효과를 얻을 수 있다.

2 다양한 자연 네일의 크기와 모양에 따른 웰을 선택한다.

① 자연 네일이 많이 짧은 경우엔 스컬프처 네일이 효과적이나, 프리에지가 일정한 경우에는 네일 팁을 적용 할 수 있으며 접착 면이 넓은 풀 웰을 선택하는 것이 적절하다.

② 자연 네일의 양쪽 옆면에 커브가 심하거나 각이 있는 경우에는 하프 웰로 얇은 네일 팁을 선택하면 네일 팁 양쪽 끝 부분의 접착을 용이하게 할 수 있다.

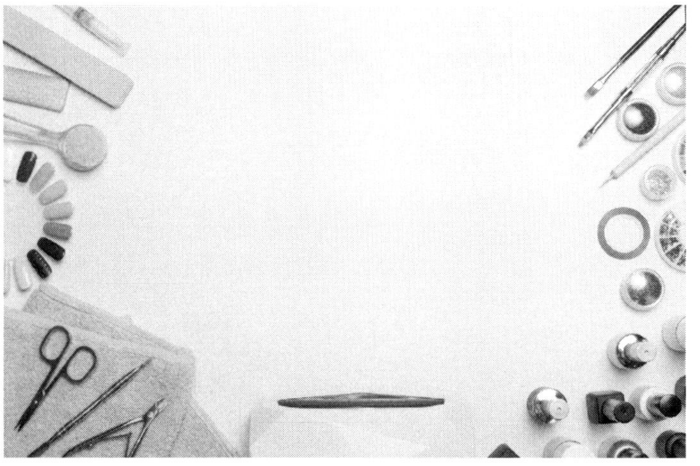

04 수행 내용

1 풀 커버 팁 적찹하기

(1) 자연 네일의 크기와 모양에 알맞은 풀 커버 팁을 선택한다.

① 자연 네일의 프리에지 형태는 정해져 있지 않고 자연 네일의 옐로 라인에 맞게 프리에지 길이를 1mm 이하로 조형한다.

② 샌딩 파일을 사용하여 자연 네일의 광택을 제거하고 거스러미를 제거한다.

③ 네일 더스트 브러시를 사용하여 네일 주변의 잔여물을 제거해 준다.

④ 숫자가 적혀있는 부분이 아래로 향하도록 하고 엄지와 풀 커버 팁이 일직선이 되도록 올바르게 네일 팁을 잡는다.

⑤ 큐티클 라인에 맞추어 풀 커버 팁을 올려주고 옆면 곡선이 자연스럽도록 가볍게 눌러 양쪽 옆면에 부족한 곳이 없는지 확인해 준다.

⑥ 자연 네일의 큐티클 라인 형태를 확인한 후 풀커버 팁의 윗부분과 큐티클 라인의 형태와 동일하게 조형한다.

⑦ 조형한 풀 커버 팁이 큐티클 라인의 형태와 동일한지 네일 양쪽 옆면을 충분히 감싸줬는지 확인한다.

(2) 기포가 발생하지 않게 풀 커버 팁을 접착한다.

① 자연 네일의 중앙 부분을 중심으로 네일 접착제를 도포한다.

② 큐티클 라인부터 프리에지까지 자연 네일 길이를 확인하고 풀 커버 팁의 윗부분에서 양측 가장자리 부분에 네일 접착제를 도포한다.

③ 엄지와 풀 커버 팁이 일직선이 되도록 올바르게 풀 커버 팁을 잡는다.

④ 풀 커버 팁 윗부분과 큐티클 라인을 맞추어 풀 커버 팁을 살며시 올려주고 네일 주변에 접착제가 흐르지 않게 주의하며 가볍게 눌러 접착한다.

⑤ 주변으로 네일 접착제가 흘렀을 경우 반드시 닦고 풀 커버 팁에서 10cm 이상의 거리에서 경화 촉진제를 약하게 분사하여 고정한다.

⑥ 풀 커버 팁이 자연 네일의 큐티클 라인과 동일한지 확인한다.

⑦ 풀 커버 팁이 한쪽으로 치우치지 않고 자연 네일의 양쪽 옆면을 충분히 감싸졌는지 확인한다.

05 교수 · 학습 방법

1 교수 방법

① 네일 팁의 크기와 형태에 따른 분류와 웰의 분류를 정확히 이해할 수 있도록 설명하여 네일 팁의 용도별 활용 방법에 대한 분류가 가능하도록 한다.

② 풀 커버 팁의 특징과 풀 커버 팁 작업 시 주의사항을 숙지할 수 있도록 자세히 설명한다.

2 학습 방법

① 자연 네일의 형태에 따른 알맞은 네일 팁 선택 방법에 대한 자료를 수집하고 분류하여 정리한다.

② 응급 상황이 발생되지 않도록 주의하고 숙련되지 않았을 경우에는 인조 손을 활용하여 연습한다.

06 평가

1 평가 준거

평가자는 학습자가 수행준거 및 평가항목에 제시되어 있는 내용을 성공적으로 수행하였는지를 평가해야 한다.

2 평가 방법

평가자 체크리스트

학습내용	평가항목	성취 수준		
		상	중	하
네일 팁의 종류	- 풀 커버 팁의 주요 특징 및 장단점 활용 능력			
	- 프렌치 팁의 주요 특징 및 장단점 활용 능력			
	- 내추럴 팁의 주요 특징 및 장단점 활용 능력			
네일 팁 선택 방법	- 다양한 자연 네일 크기에 알맞은 네일 팁 선택 능력			
	- 다양한 자연 네일 모양에 알맞은 네일 팁 선택 능력			
	- 네일 팁 웰에 따른 네일 팁 선택 능력			

* 피드백- 평가자 체크리스트
자연 네일의 크기와 모양에 따라 알맞은 네일 팁을 선택하지 못하는 학습자는 올바른 네일 팁을 선택한 결과물을 보여주어 어느 부분이 잘못 되었는지 자세히 설명하고 부족한 부분은 보충 학습을 실시한다.

03 주차 네일 팁 표면 정리하기

팁 위드 파우더(LM1201010417_17v2)

01 학습모듈 개요

다양한 네일 파일을 사용하여 형태에 따라 네일 팁 표면을 정리할 수 있다.

02 학습 목표

고객의 요청에 따라 길이 조절과 형태를 조형할 수 있다.

03 수행 내용

1 풀 커버 팁 재단 및 형태 조형하기

(3) 재료 및 도구

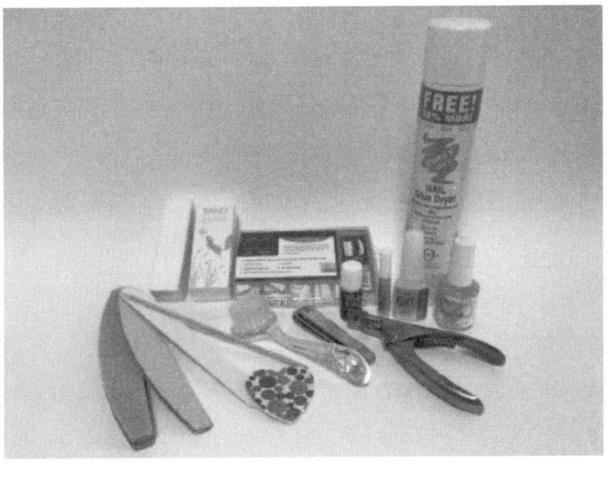

프렌치 팁, 클리퍼, 팁 커터기, 글루, 젤 글루, 필러 파우더, 글루 드라이, 파일, 광파일, 샌딩 파일, 우드 파일, 오렌지우드스틱, 더스트 브러시, 큐티클 오일, 디자인 패드

(1) 고객의 요청에 따라 팁 커터를 사용하여 풀 커버 팁의 길이를 재단한다.

① 검지와 중지를 사용하여 풀 커버 팁을 재단할 손가락이 움직이지 않게 고정한다.

② 풀 커버 팁의 재단하고자 하는 부분에 팁 커터를 넣어주고 네일 팁과 팁 커터가 90°가 되도록 넣어주고 맞춰준다.

③ 재단한 네일 팁이 다른 곳으로 튀지 않도록 팁 커터로 쥔 손의 엄지로 풀 커버 팁 끝부분을 가볍게 눌러주고, 고객의 요구보다 약간 길게 재단한다.

④ 재단한 풀 커버 팁의 끝부분을 고정한 손으로 잡아준다. 올바르게 풀 커버 팁이 재단되었는지 확인한다.

(2) 인조 네일용 파일을 사용하여 풀 커버 팁의 프리에지를 스퀘어 오프 형태로 조형한다.

① 큐티클 라인의 중앙과 프리에지 단면이 수평이 되게 일직선으로 네일 파일링을 한다.

② 정면에서 왼쪽 외관 라인을 확인하고 프리에지까지 일직선이 되도록 네일 파일링을 한다.

③ 정면에서 오른쪽 외관 라인을 확인하고 프리에지까지 일직선이 되도록 네일 파일링을 한다.

④ 손가락을 왼쪽으로 돌려 프리에지와 90°의 각도를 유지하면서 옆면 라인이 일직선이 되도록 네일 파일링 한다.

⑤ 손가락을 오른쪽으로 돌려 프리에지와 90°의 각도로 유지하면서 옆면 라인이 일직선이 되도록 네일 파일링 한다.

⑥ 정면에서 왼쪽과 오른쪽 부분에 각을 제거하며 매끄럽게 연결하여 네일 파일링 한다.

⑦ 샌딩 파일을 사용하여 프리에지의 전체를 부드럽게 연결하여 세밀하게 정리한다.

⑧ 완성된 풀커버 팁을 확인한다.

04 교수 · 학습 방법

1 교수 방법

① 풀 커버 팁의 특징과 풀 커버 팁 작업 시 주의사항을 숙지할 수 있도록 자세히 설명한다.

② 작업 시 일어날 수 있는 응급 상황에 대한 대처 방법을 사전에 숙지할 수 있도록 설명하고 응급 상황 대응 모의훈련을 실시한다.

2 학습 방법

① 풀 커버 팁을 정확히 재단하여 스퀘어 오프 형태로 조형하는 방법을 학습한다.

② 응급 상황이 발생되지 않도록 주의하고 숙련되지 않았을 경우에는 인조 손을 활용하여 연습한다.

05 평가

1 평가 준거

평가자는 학습자가 수행준거 및 평가항목에 제시되어 있는 내용을 성공적으로 수행하였는지를 평가해야 한다.

2 평가 방법

학습내용	평가항목	성취 수준		
		상	중	하
풀 커버 팁 선택 및 사전 조형	- 자연 네일 크기에 알맞은 풀 커버 팁을 선택하는 능력			
	- 자연 네일 모양에 알맞은 풀 커버 팁을 선택하는 능력			
	- 큐티클 부분 라인에 따른 풀 커버 팁을 사전에 조형하는 능력			
풀 커버 팁 필러 파우더 적용	- 자연 네일의 곡선과 굴곡에 따른 필러 파우더를 적용하는 능력			
	- 네일 파일을 활용하여 표면을 매끄럽게 하는 능력			
풀 커버 팁 접착 방법	- 손 형태에 따라 풀 커버 팁의 방향이 비틀어지지 않고 올바르게 접착하는 능력			
	- 네일 접착제가 네일 주변 피부에 닿지 않고 기포가 발생되지 않게 풀 커버 팁을 접착하는 능력			
	- 팁 위드 파우더 제품의 정확한 사용 방법 및 알맞은 작업 능력			
풀 커버 팁 재단 방법 및 형태 조형	- 고객의 요구에 따라 풀 커버 팁을 적당한 길이로 재단하는 능력			
	- 작업 시 일어날 수 있는 응급상황에 대한 숙지 및 대처 능력			
	- 정확하게 스퀘어 오프 형태로 조형하는 능력			
	- 샌딩 파일을 사용하여 풀 커버 팁의 프리에지를 세밀하게 정리하는 능력			

*** 피드백 – 평가자 체크리스트**

팁 커터를 사용하여 정확하게 재단하지 못하거나 위험하게 재단하는 학습자는 인조 손을 활용하여 재단 연습을 충분히 할 수 있도록 보충학습을 실시한다.

04 주차 오버레이하기

팁 위드 파우더(LM1201010417_17v2)

01 학습모듈 개요

다양한 네일 재료를 사용하여 오버레이 할 수 있다.

02 학습 목표

① 고객의 요청에 따라 다양한 네일 팁을 선택하고 오버레이 할 수 있다.

03 학습 내용

1 풀 커버 팁 재단

(1) 팁 네일(Tip Nail)

다양한 네일 팁을 사용 하여 길이를 연장하고, 다양한 네일 재료를 활용하여 인조 네일을 조형하는 것을 말한다. 팁 오버레이라고도 하며 오버레이 하는 재료에 따라 명칭이 달라진다. 팁 위드 파우더, 팁 위드 랩, 팁 위드 아크릴, 팁 위드 젤로 구분된다.

(2) 팁 네일의 분류

- 팁 위드 파우더 – 길이를 연장 후 필러 파우더를 사용하여 오버레이 함
- 팁 위드 랩 – 네일 랩을 사용 후 오버레이 함
- 팁 위드 아크릴 – 길이를 연장 후 아크릴을 사용하여 오버레이 함
- 팁 위드 젤 – 길이를 연장 후 젤을 사용하여 오버레이 함

(3) 재료 및 도구

프렌치 팁, 클리퍼, 팁 커터기, 글루, 젤 글루, 필러 파우더, 글루 드라이, 파일, 광파일, 샌딩 파일, 우드 파일, 오렌지우드스틱, 더스트 브러시, 큐티클 오일, 디자인 패드

04 수행 내용

필러 파우더를 적용하여 자연 네일 표면을 메워준다.

① 네일 클리퍼를 사용하여 라이트 글루의 입구를 사선으로 재단해 준 후 키친 타월로 적당한 양의 글루가 나오는지 확인해본다.

② 스틱 글루가 네일 주변에 흐르지 않게 주의하면서 네일 곡선의 메워야 할 부분과 굴곡이 심한 부분에 적당량의 라이트 글루를 도포해준다. 그 위에 필러 파우더를 소량 뿌려준다.

③ 오렌지 우드 스틱을 사용하여 주변에 묻은 필러 파우더를 제거해주고, 네일 주변에 글루가 흐를 경우 멸균거즈나 키친타월을 사용하여 즉시 닦아 내준다.

④ 자연 네일과 풀 커버 팁의 곡선과, 굴곡이 채워졌는지 확인한 후 붙여준다.

⑤ 기포가 발생하지 않도록 자연 네일 중앙 부분을 중심으로 네일 접착제를 도포해준다.

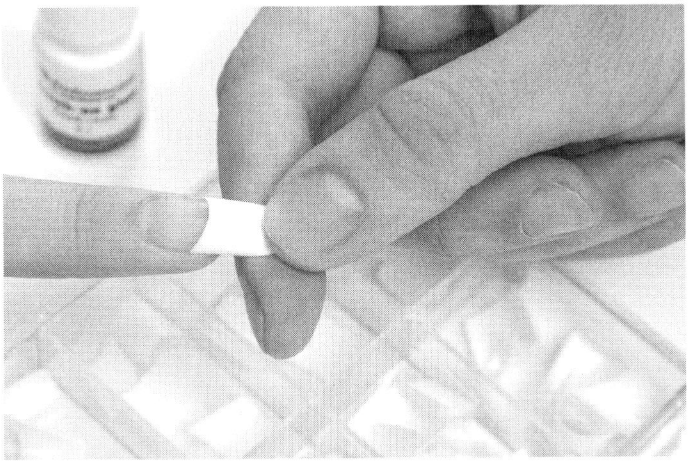

05 교수 · 학습 방법

1 교수 방법

① 내추럴 하프 웰 팁의 특징과 작업 시 주의사항을 숙지 할 수 있도록 자세히 설명해 준다.

② 필러 파우더를 사용하여 뭉치지 않고 투명하게 내추럴 하프 웰 팁의 표면을 채우는 방법을 설명 한다.

2 학습 방법

① 상호 작업을 통하여 웰의 정지선에 따라 올바른 자연 네일 조형과 방법과 기포가 발생하지 않고 올바른 방향으로 내추럴 하프 웰 팁을 접착하고 재단하는 방법을 학습한다.

② 네일 접착제와 필러 파우더를 적절히 사용하여 뭉치지 않고 투명하게 내추럴 하프 웰 팁의 표면을 채우는 방법을 이해하고 네일 접착제의 주의사항을 학습한다.

06 평가

1 평가 준거

평가자는 학습자가 수행준거 및 평가항목에 제시되어 있는 내용을 성공적으로 수행하였는지를 평가해야 한다.

2 평가 방법

평가자 체크리스트

학습내용	평가항목	성취 수준		
		상	중	하
내추럴 팁 선택 방법	- 자연 네일의 크기에 알맞은 내추럴 팁을 선택하는 능력			
	- 자연 네일의 모양에 알맞은 내추럴 팁을 선택하는 능력			
내추럴 팁 접착 및 재단 방법	- 손 형태에 따라 내추럴 하프 웰 팁의 방향이 비뚤어지지 않고 올바르게 접착하는 능력			
	- 네일 접착제가 네일 주변 피부에 닿지 않고 기포가 발생되지 않게 내추럴 팁을 접착하는 능력			
	- 고객의 요구에 따라 내추럴 하프 웰 팁을 적당한 길이로 재단하는 능력			
	- 작업 시 일어날 수 있는 응급 상황에 대한 숙지 및 대처 능력			
내추럴 팁의 팁 턱 제거 방법	- 내추럴 하프 웰 팁의 팁 턱을 자연 네일과 주변 피부의 손상 없이 제거하는 능력			
	- 내추럴 하프 웰 팁의 팁 턱을 자연 네일과 자연스럽게 연결하여 제거하는 능력			
내추럴 팁 필러 파우더 적용	- 팁 위드 파우더 제품의 정확한 사용 방법 및 알맞은 작업 능력			
	- 뭉침 현상 없이 투명하게 필러 파우더를 적용하여 두께를 조절하는 능력			
	- 형태를 조형하기 위해 필러 파우더를 적용하여 인조 네일의 기초 구조를 조형하는 능력			
내추럴 팁 네일 파일 적용	- 제시한 프리에지의 길이와 두께 씨 커브로 정확하게 스퀘어 형태로 조형하는 능력			
	- 인조 네일용 파일을 사용하여 내추럴 팁 위드 파우더를 인조 네일의 구조로 정확하게 조형하는 능력			
	- 샌딩 파일을 사용하여 내추럴 팁 위드 파우더를 세밀하게 다듬는 능력			
	- 광택용 파일을 사용하여 광택으로 마무리하는 능력			

*** 피드백 – 평가자 체크리스트**

내추럴 팁을 인조 네일의 구조로 정확하게 조형하지 못한 학습자는 인조 네일의 구조를 다시 반복하여 학습할 수 있도록 보충 수업을 실시한다.

팁 워드 파우더 작업대 준비 상태

▮ 작업대 이미지 ▮

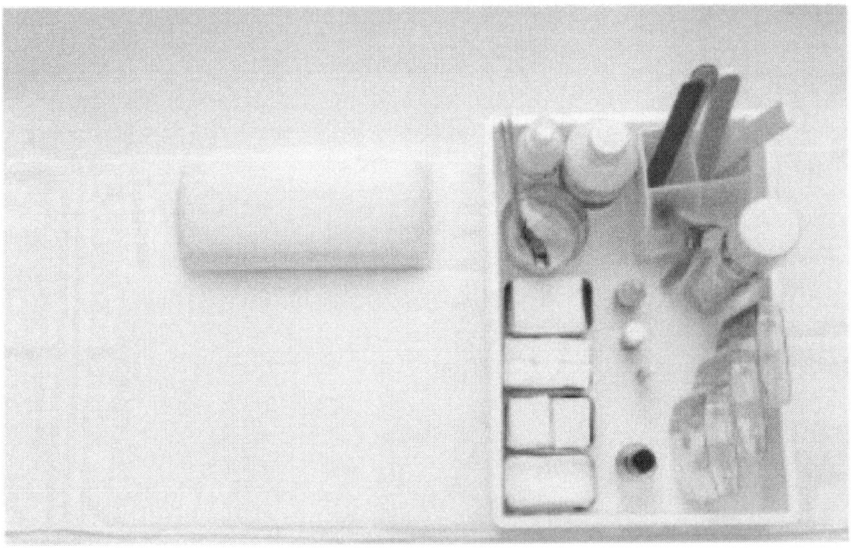

▮ 작업대 재료 정리함 ▮

① 수건
② 재료 정리함
③ 손목 받침대
④ 키친타월
⑤ 위생 봉지

- 소독 용기(네일 클리퍼, 오렌지우드스틱, 네일 더스트 브러시)
- 파일 꽂이(인조 네일용 파일, 자연 네일용 파일, 샌딩 파일, 광택용 파일, 팁 커터)
- 뚜껑이 있는 용기(탈지면, 멸균 거즈, 키친타월)
- 풀 커버 팁, 프렌치 팁, 내추럴 하프 웰 팁, 네일 접착제, 필러 파우더, 경화 촉진제, 지혈제

CHAPTER

2

팁 위드 랩

05 주차 팁 위드 랩

팁 위드 랩(LM1201010419_17v4)

01 학습모듈 개요

인조 네일의 보강을 위해 네일 랩을 적용할 수 있다.

02 학습 목표

① 네일 상태에 따라 팁 위드 랩의 두께를 조절할 수 있다.

② 형태를 조형하기 위해 기초 구조를 만들 수 있다.

03 수행 내용

1 네일 팁 연장하기

① 기포가 발생하지 않도록 주변 피부에 네일 접착제가 묻지 않도록 주의하여 내추럴 팁을 접착한다. 내추럴 팁 윗부분에서 자연 네일의 프리에지 길이 정도인 약 1mm 정도로 접착제를 도포한다.

② 네일 팁 윗부분을 자연 네일의 옐로 라인과 45˚ 각도로 맞춰 올려서 일직선인 것을 확인하고 살며시 눌러준다.

③ 옆면에서 보았을 때 팁이 처지거나 올라가지 않도록 자연스럽게 연결되도록 고정한 후 양쪽 끝부분에 핀칭을 주고 글루 드라이를 약하게 분사하여 고정한다.

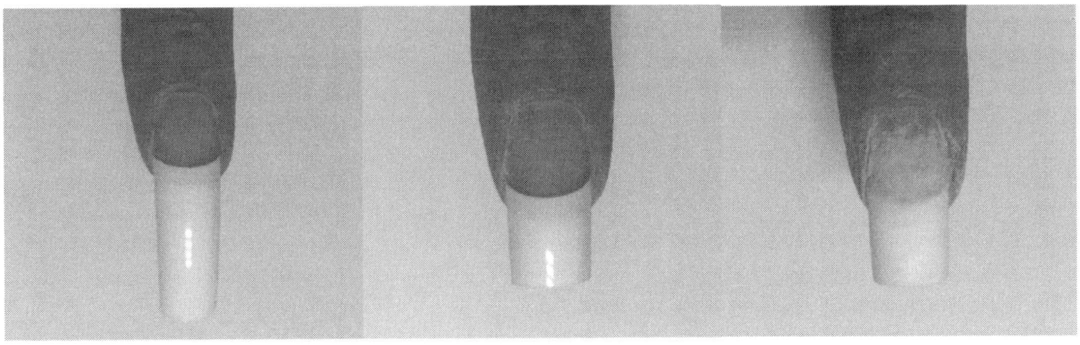

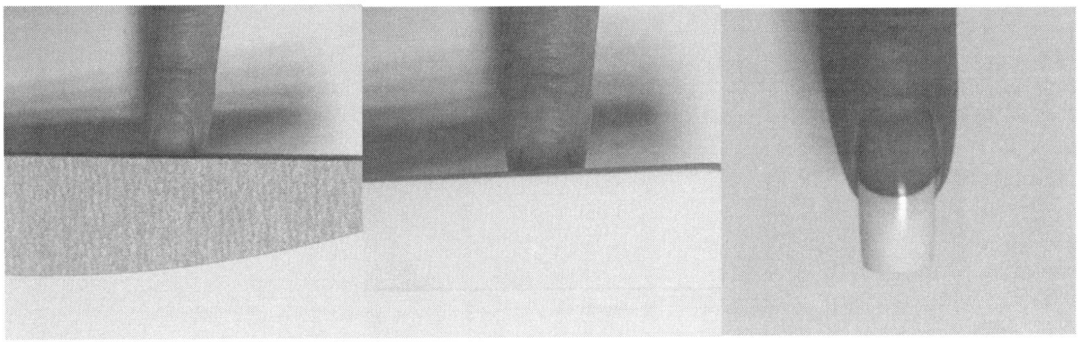

2 내추럴 팁 재단 후 팁 턱 제거하기

① 팁 커터를 사용하여 프리에지의 길이를 0.5~1cm 미만으로 재단한다.

② 자연 네일의 손상을 주의하며 180그릿 이상의 인조 네일용 파일을 사용하여 자연 네일과 자연스럽게 연결되도록 팁 턱을 제거해 준다.

③ 네일 랩의 접착력을 높이기 위하여 샌딩 파일을 사용하여 전체적으로 팁 턱이 제거되지 않은 부분을 확인하고 표면을 부드럽게 정리한다.

④ 네일 더스트 브러시를 사용하여 네일 주변의 잔여물과 분진을 제거한다.

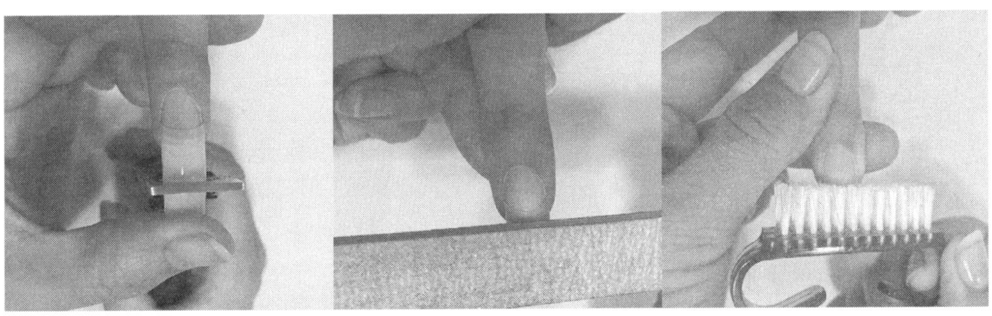

04 교수 · 학습 방법

1 교수 방법

① 내추럴 하프 웰 팁의 특징과 작업 시 주의사항을 숙지할 수 있도록 자세히 설명해 준다.

② 필러 파우더를 사용하여 뭉치지 않고 투명하게 내추럴 하프 웰 팁의 표면을 채우는 방법을 설명한다.

2 학습 방법

① 상호 작업을 통하여 웰의 정지선에 따라 올바른 자연 네일 조형과 방법과 기포가 발생하지 않고 올바른 방향으로 내추럴 하프 웰 팁을 접착하고 재단하는 방법을 학습한다.

② 네일 접착제와 필러 파우더를 적절히 사용하여 뭉치지 않고 투명하게 내추럴 하프 웰 팁의 표면을 채우는 방법을 이해하고 네일 접착제의 주의사항을 학습한다.

05 평가

1 평가 준거

평가자는 학습자가 수행준거 및 평가항목에 제시되어 있는 내용을 성공적으로 수행하였는지를 평가해야 한다.

2 평가 방법

평가자 체크리스트

학습내용	평가항목	성취 수준		
		상	중	하
내추럴 팁 선택 방법	- 자연 네일의 크기에 알맞은 내추럴 팁을 선택하는 능력			
	- 자연 네일의 모양에 알맞은 내추럴 팁을 선택하는 능력			
내추럴 팁 접착 및 재단 방법	- 손 형태에 따라 내추럴 하프 웰 팁의 방향이 비뚤어지지 않고 올바르게 접착하는 능력			
	- 네일 접착제가 네일 주변 피부에 닿지 않고			

	기포가 발생되지 않게 내추럴 팁을 접착하는 능력			
	- 고객의 요구에 따라 내추럴 하프 웰 팁을 적당한 길이로 재단하는 능력			
	- 작업 시 일어날 수 있는 응급 상황에 대한 숙지 및 대처 능력			
내추럴 팁의 팁 턱 제거 방법	- 내추럴 하프 웰 팁의 팁 턱을 자연 네일과 주변 피부의 손상 없이 제거하는 능력			
	- 내추럴 하프 웰 팁의 팁 턱을 자연 네일과 자연스럽게 연결하여 제거하는 능력			
내추럴 팁 필러 파우더 적용	- 팁 위드 파우더 제품의 정확한 사용 방법 및 알맞은 작업 능력			
	- 뭉침 현상 없이 투명하게 필러 파우더를 적용하여 두께를 조절하는 능력			
	- 형태를 조형하기 위해 필러 파우더를 적용하여 인조 네일의 기초 구조를 조형하는 능력			
내추럴 팁 네일 파일 적용	- 제시한 프리에지의 길이와 두께 씨 커브로 정확하게 스퀘어 형태로 조형하는 능력			
	- 인조 네일용 파일을 사용하여 내추럴 팁 위드 파우더를 인조 네일의 구조로 정확하게 조형하는 능력			
	- 샌딩 파일을 사용하여 내추럴 팁 위드 파우더를 세밀하게 다듬는 능력			
	- 광택용 파일을 사용하여 광택으로 마무리하는 능력			

* 피드백-평가자 체크리스트
내추럴 팁을 인조 네일의 구조로 정확하게 조형하지 못한 학습자는 인조 네일의 구조를 다시 반복하여 학습할 수 있도록 보충 수업을 실시한다.

06 주차 네일 랩 부착하기

팁 위드 랩(LM1201010419_17v4)

01 학습모듈 개요

인조 네일의 보강을 위해 네일 랩을 적용할 수 있다.

02 학습 목표

① 네일 상태에 따라 팁 위드 랩의 두께를 조절할 수 있다.

② 형태를 조형하기 위해 기초 구조를 만들 수 있다.

03 수행 내용

(1) 재료 및 도구

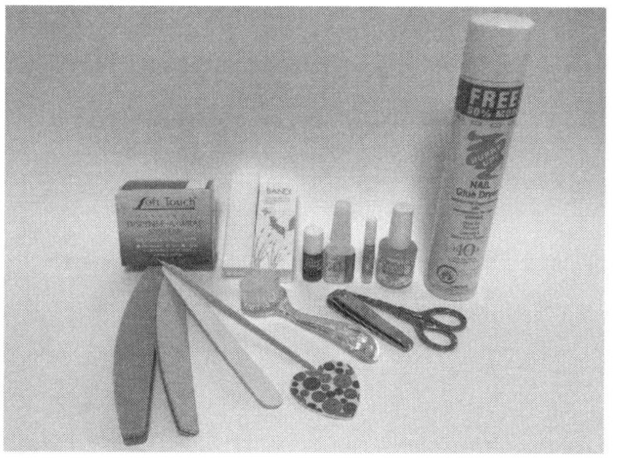

더스트 브러시, 디자인 패드, 파일, 우드 파일, 샌딩 파일, 샌딩 블록, 광파일, 큐티클 오일

① 네일 랩을 큐티클 부분부터 네일 팁의 프리에지까지 상하 길이를 측정하고 여유 있게 재단한다.

② 네일 랩을 큐티클 라인 왼쪽 부분의 곡선을 확인하고 왼쪽 부분과 동일하게 사다리꼴로 재단한다.

③ 네일 랩을 자연 네일의 큐티클 라인에서 0.1~0.2cm 정도 남기고 가볍게 접착해 준다.

④ 큐티클 오른쪽 부분의 곡선을 확인하고 큐티클 라인과 동일하게 사다리꼴로 재단한다.

⑤ 네일 랩을 들뜨지 않게 상하좌우를 전체적으로 눌러 완전히 접착해 준다.

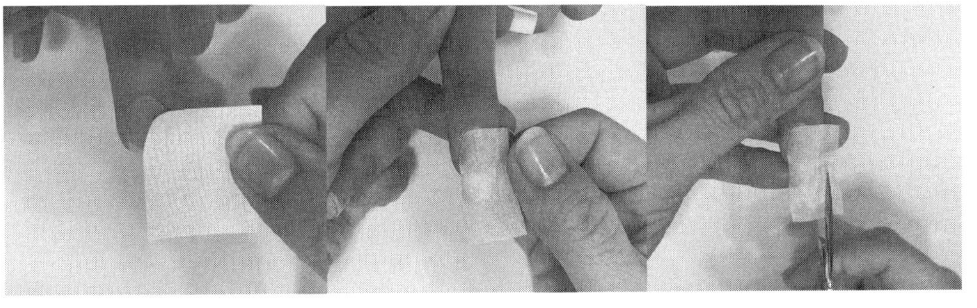

04 교수 · 학습 방법

1 교수 방법

① 네일 랩 제품 분류와 사용 방법을 숙지할 수 있도록 설명한다.

② 네일 랩의 완 재단 방법과 반 재단 방법의 차이를 설명한다.

2 학습 방법

① 네일 랩 제품의 분류에 따른 특징을 숙지하고 사용 방법을 학습한다.

② 네일 랩의 완 재단과 반 재단 방법을 학습하고 본인에게 적합한 방법을 익혀 연습한다.

05 평가

1 평가 준거

평가자는 학습자가 수행준거 및 평가항목에 제시되어 있는 내용을 성공적으로 수행하였는지를 평가해야 한다.

2 평가 방법

평가자 체크리스트

학습내용	평가항목	성취 수준		
		상	중	하
네일 랩 재단 및 접착 방법	- 인조 네일의 크기와 모양에 알맞은 네일 랩을 반 재단하는 능력			
	- 인조 네일의 크기와 모양에 알맞은 네일 랩을 완재단하는 능력			
	- 인조 네일의 크기와 모양에 알맞은 올바르게 네일 랩을 접착하는 능력			
	- 네일 접착제가 네일 주변 피부에 닿지 않고 정확하게 네일 랩을 접착하는 능력			
팁 위드 랩 두께 조절 방법	- 뭉침 현상 없이 투명하게 네일 접착제를 적용하여 두께를 조절하는 능력			
	- 형태를 조형하기 위해 적절한 네일 접착제를 선택하여 인조 네일의 기초 구조를 조형하는 능력			

* 피드백 – 평가자 체크리스트
네일 접착제의 분류를 확실히 구분할 수 있도록 설명하고 상황에 맞게 사용할 수 있도록 보충 학습을 실시한다.

07 주차 네일 표면 파일링하기

팁 위드 랩(LM1201010419_17v4)

01 학습모듈 개요

인조 네일의 보강을 위해 네일 랩을 적용할 수 있다.

02 학습 목표

① 네일 상태에 따라 팁 위드 랩의 두께를 조절할 수 있다.

② 형태를 조형하기 위해 기초 구조를 만들 수 있다.

03 수행 내용

(1) 재료 및 도구

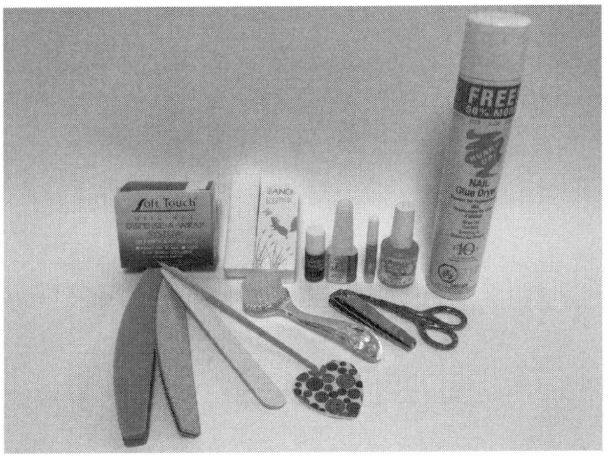

레귤러 팁, 글루 드라이, 글루, 젤 글루, 필러 파우더, 클리퍼, 팁 커터, 실크. 실크 가위, 더스트 브러시, 디자인 패드, 파일, 우드 파일, 샌딩, 샌딩 파일, 샌딩 블록, 광파일, 큐티클 오일

1 팁 위드 랩 두께 조절하기

① 라이트 글루를 사용하여 네일 랩이 움직이지 않도록 고정한다.

② 브러시 글루를 전체적으로 도포해서 랩의 두께를 보강해준다. 라이트 글루와 브러시 글루 도포 횟수를 반복해서 기초 구조가 만들어졌으면 드라이 글루를 분사하여 빠르게 경화시켜준다.

2 팁 위드 랩 조형하기

① 재단해 놓은 프리에지 단면 왼쪽의 라운드 형태를 부드럽게 연결하여 파일링해준다.

② 프리에지 단면 왼쪽과 오른쪽을 라운드 형태로 부드럽게 파일링해준다.

③ 정면에서 왼쪽과 오른쪽 직선라인을 확인하고 스트레스 포인트부터 프리에지까지 일직선으로 파일링해준다.

④ 좌우 대칭을 확인하고 프리에지 단면의 각을 제거하여 전체를 연결하여 네일 파일링해준다.

⑤ 자연 네일과 인조 네일을 자연스럽게 연결되도록 왼쪽 스트레스 포인트 윗부분부터 큐티클 왼쪽과 오른쪽 부분을 파일링해준다.

⑥ 바깥 방향을 사용하여 프리에지의 곡선이 자연스럽게 연결되도록 왼쪽과 오른쪽 스트레스 포인트 아랫부분을 파일링해준다.

⑦ 하이포인트를 중심으로 완만하게 곡선이 형성되도록 팁 위드 랩 표면 전체를 부드럽게 파일링한다.

⑧ 샌딩 파일을 사용하여 팁의 표면을 세밀하게 다듬어준다.

⑨ 완성된 팁 위드 랩을 확인한다.

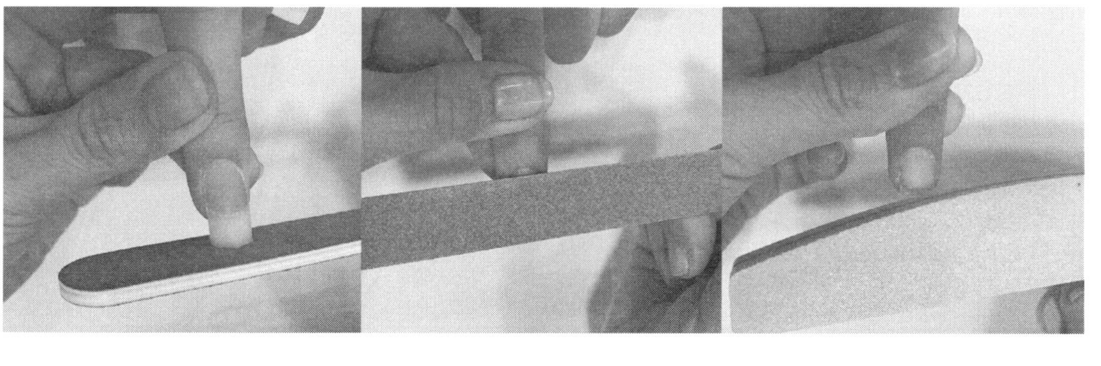

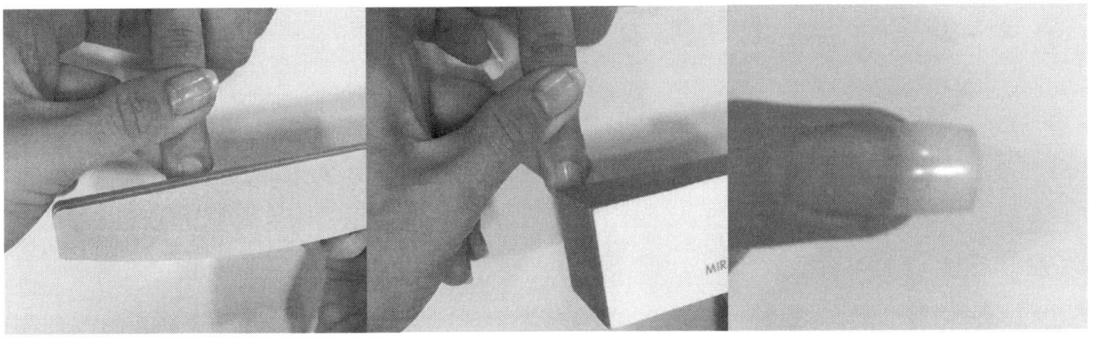

04 교수 · 학습 방법

1 교수 방법

① 팁 위드 랩을 인조 네일의 구조로 완벽하게 조형할 수 있도록 설명한다.

② 네일 랩이 벗겨지지 않도록 적절한 인조 네일용 파일을 사용하여 표면을 조형하는 방법을 지도한다.

2 학습 방법

① 팁 위드 랩의 프리에지를 정확하게 라운드 형태로 조형하는 방법을 학습한다.

② 인조 네일용 파일을 사용하여 표면을 조형하는 방법과 샌딩 파일을 사용하여 표면을 다듬는 방법을 학습한다.

05 평가

1 평가 준거

평가자는 학습자가 수행준거 및 평가항목에 제시되어 있는 내용을 성공적으로 수행하였는지를 평가해야 한다.

2 평가 방법

평가자 체크리스트

학습내용	평가항목	성취 수준		
		상	중	하
팁 위드 랩 형태 조형	- 제시한 프리에지의 길이와 두께로 정확하게 라운드 형태로 조형하는 능력			
	- 인조 네일용 파일을 사용하여 팁 위드 랩을 인조 네일의 구조로 정확하게 조형하는 능력			
	- 샌딩 파일을 사용하여 팁 위드 랩을 세밀하게 다듬는 능력			
팁 위드 랩 광택 적용	- 광택용 파일을 사용하여 광택으로 마무리하는 능력			

* 피드백 – 평가자 체크리스트
인조네일 구조를 조형하는 수행 내용을 반복하여 학습할 수 있도록 지도한다.

08 주차 제1차 직무수행능력평가

<table>
<tr><th colspan="8">직무수행능력평가 1차 배점표</th></tr>
<tr><td>교과목명</td><td colspan="5">응용 네일미용</td><td>담당교수</td><td></td></tr>
<tr><td>학과명</td><td>뷰티약손미용과</td><td>학년</td><td>1</td><td>분반</td><td></td><td>학점</td><td>02</td></tr>
<tr><td rowspan="4" colspan="2">능력단위명(능력단위코드)</td><td colspan="6">기초 팁 네일(1201010417_16v1)</td></tr>
<tr><td colspan="6">랩 네일(1201010405_16v3)</td></tr>
<tr><td colspan="6">아크릴 네일(1201010407_16v3)</td></tr>
<tr><td colspan="6">팁 위드 랩(1201010419_16v3)</td></tr>
<tr><td colspan="7">영역(능력단위요소) 및 수행준거</td><td>배점</td></tr>
<tr><td colspan="2">영역(능력단위요소)</td><td colspan="5">랩 네일 네일팁 적용하기</td><td>10.00</td></tr>
<tr><td colspan="2">수행준거</td><td colspan="5">평가내용</td><td>배점</td></tr>
<tr><td colspan="8">네일 팁의 종류에 따라 팁과 자연 네일의 단차를 제거할 수 있다.</td></tr>
<tr><td colspan="2">영역(능력단위요소)</td><td colspan="5">네일 랩 적용하기</td><td>10.00</td></tr>
<tr><td colspan="2">수행준거</td><td colspan="5">평가내용</td><td>배점</td></tr>
<tr><td colspan="8">인조 네일의 보강을 위하여 랩 화장물을 순서에 따라 적용할 수 있다. 또한, 인조 네일의 견고함을 위하여 네일 구조에 맞춘 파일 작업을 할 수 있다.</td></tr>
<tr><td colspan="7">합계</td><td>30.00</td></tr>
<tr><td>채점기준</td><td colspan="7"></td></tr>
</table>

CHAPTER

3

네일 랩

09 주차 네일 랩핑하기

랩 네일(LM1201010405_17v4)

01 학습모듈 개요

네일 랩과 필러파우더를 적용하여 네일 길이를 연장하고 조형할 수 있다.

02 학습 목표

① 자연 네일 크기에 따라 네일 랩의 폭과 길이를 측정할 수 있다.

② 자연 네일 상태에 따라 네일 랩의 재단 방법을 선택할 수 있다.

③ 방법에 따라 네일 랩을 자연 네일에 맞추어 재단할 수 있다.

03 학습 내용

1 네일 랩핑하기

(1) 랩 네일(Wrap Nail)

랩 네일은 네일 랩과 필러 파우더, 네일 접착제를 적용하여 자연 네일의 길이를 연장하고 조형하는 것을 말한다. 네일 랩 익스텐션이라고도 하며 일반적으로 실크를 많이 사용하기 때문에 실크 익스텐션이라고도 한다.

(2) 네일 랩 재단 방법의 분류

① 완 재단 방법

스트레스 포인트부터 자연 네일보다 넓게 사다리꼴로 네일 랩을 재단하는 방법

② 반 재단 방법

네일 랩의 한쪽 면을 재단하고 접착 후 나머지 면을 재단하는 방법

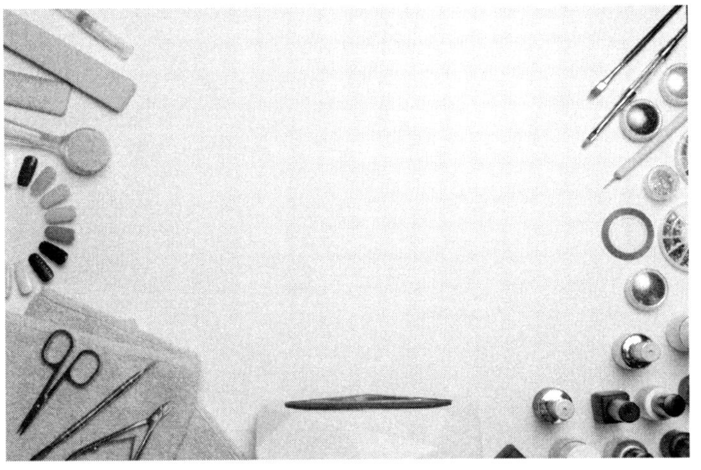

04 수행 내용

① 자연 네일의 큐티클의 연장하고자 하는 길이를 측정하고 재단 방법으로 길게 재단한다. 씨 커브를 만들기 위한 잡는 부분이 여유롭지 않을 경우, 손에 묻을 수 있으므로 넉넉하게 재단한다.

② 자연 네일 양쪽을 핀칭해주며 가로 폭을 측정하고 가로 폭보다 살짝 여유있게 랩을 재단 한다.

③ 자연 네일의 스트레스 포인트를 확인하고 사다리꼴로 재단한다.

④ 자연 네일의 큐티클 라인을 확인하고 동일하게 재단한다.

⑤ 큐티클 라인에서 약 0.1~0.2cm 정도 남기고 접착한 후 상하좌우로 넘치는 부분은 잘라준다.

⑥ 네일 랩을 들뜨지 않게 전체적으로 눌러준다.

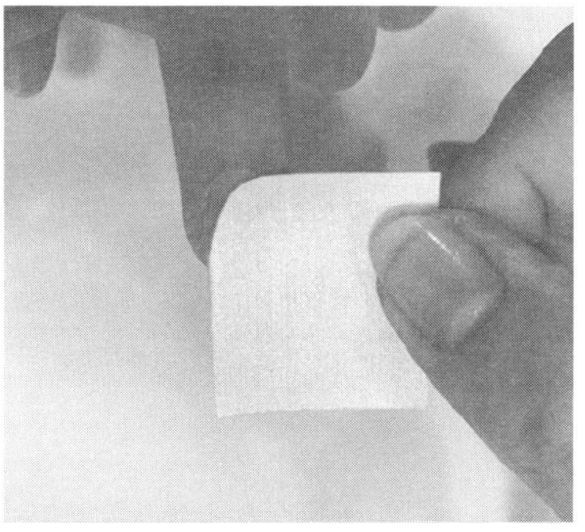
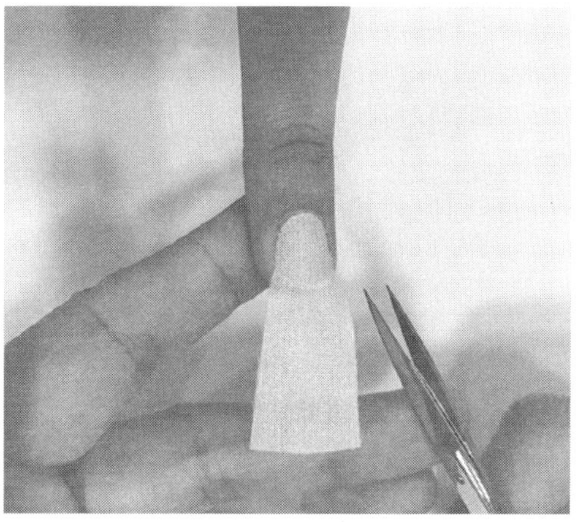

05 교수 · 학습 방법

1 교수 방법

① 네일 랩 제품 분류와 사용 방법을 숙지할 수 있도록 설명한다.

② 네일 랩의 완 재단 방법과 반 재단 방법의 차이를 설명한다.

2 학습 방법

① 네일 랩 제품의 분류에 따른 특징을 숙지하고 사용 방법을 학습한다.

② 네일 랩의 완 재단과 반 재단 방법을 학습하고 본인에게 적합한 방법을 익혀 연습한다.

06 평가

1 평가 준거

평가자는 학습자가 수행준거 및 평가항목에 제시되어 있는 내용을 성공적으로 수행하였는지를 평가해야 한다.

2 평가 방법

평가자 체크리스트

학습내용	평가항목	성취 수준		
		상	중	하
네일 랩 재단 방법	- 자연 네일의 크기에 따라 네일 랩의 상하 길이를 측정하는 능력			
	- 자연 네일의 크기에 따라 네일 랩의 좌우 폭을 측정하는 능력			
	- 자연 네일의 상태에 따라 네일 랩을 완 재단하는 능력			
	- 자연 네일의 상태에 따라 네일 랩을 반 재단하는 능력			
	- 네일 랩을 자연 네일에 맞추어 완 재단하는 능력			
	- 네일 랩을 자연 네일에 맞추어 반 재단하는 능력			

* 피드백 – 평가자 체크리스트
네일 랩 재단 방법을 숙지하고 있는지 평가하고 숙련을 통한 추가 학습을 지도한다.

10 주차 네일 랩 연장하기

랩 네일(LM1201010405_17v4)

01 학습모듈 개요

네일 랩과 필러 파우더를 적용하여 네일의 길이를 연장하고 조형할 수 있다.

02 학습 목표

① 자연 네일의 크기에 따라 네일 랩의 폭과 길이를 측정할 수 있다.

② 자연 네일에 맞추어 네일 랩을 재단할 수 있다.

03 학습 내용

1 네일 랩 접착 방법

네일 랩을 큐티클 라인에서 약 0.1~0.2cm 정도 남기고 접착한다.

2 네일 랩 고정 방법

① 네일 랩의 재단이 완료되면 길이와 상관없이 자연 네일까지 스틱 글루를 도포한다.

② 네일 접착제 도포 시 기포가 발생하지 않게 주의하며 네일 랩을 고정한다.

③ 스틱 글루는 퍼지는 성질이 있기 때문에 가장자리는 피해서 사용한다.

04. 수행 내용

① 네일 랩은 자연 네일에 접착할 부분을 접착된 종이와 분리하고 반으로 접는다.

② 완 재단한 네일 랩을 큐티클 라인에서 약 0.1~0.2cm 정도 남기고 접착한다.

③ 네일 랩이 올바르게 접착 되었는지 확인하고 네일 랩을 들뜨지 않게 큐티클 라인과 양쪽 옆을 전체적으로 눌러 완전히 접착한다.

④ 자연 네일의 전면에 스틱 글루를 도포하여 접착한 네일 랩을 고정한다.

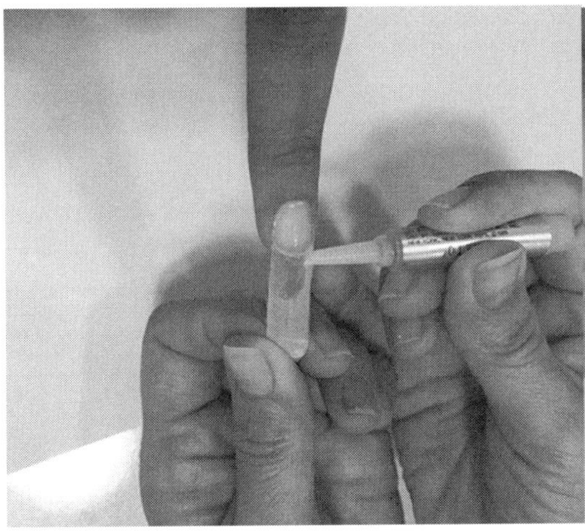
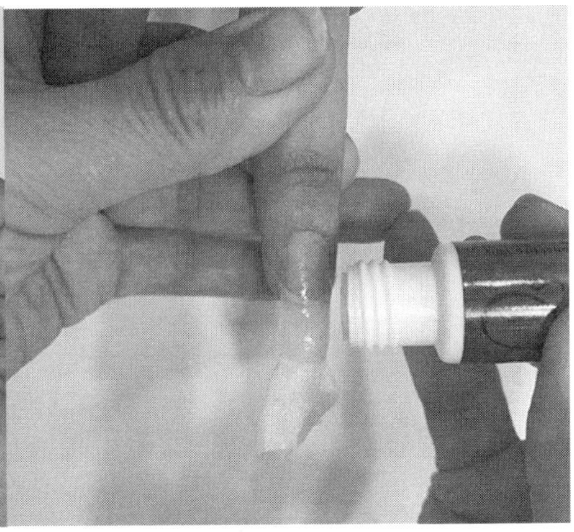
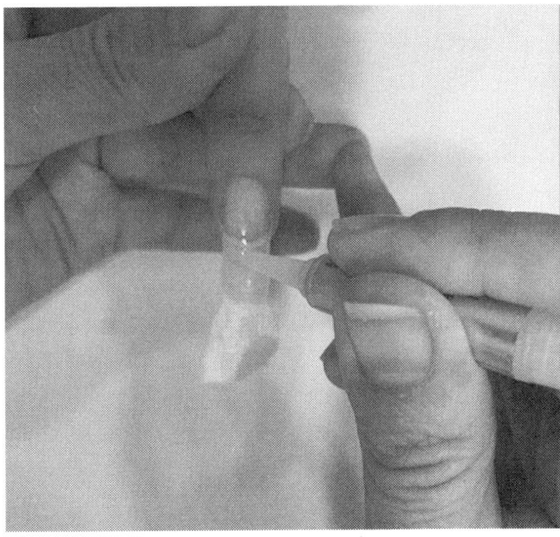
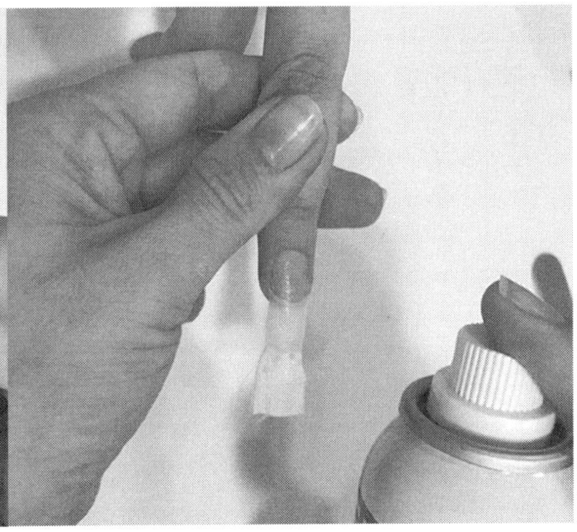

05 교수 · 학습 방법

1 교수 방법

① 네일 랩 제품 분류와 사용 방법을 숙지할 수 있도록 설명한다.

② 네일 랩의 완 재단 방법과 반 재단 방법의 차이를 설명한다.

2 학습 방법

① 네일 랩 제품의 분류에 따른 특징을 숙지하고 사용 방법을 학습한다.

② 네일 랩의 완 재단과 반 재단 방법을 학습하고 본인에게 적합한 방법을 익혀 연습한다.

06 평가

1 평가 준거

평가자는 학습자가 수행준거 및 평가항목에 제시되어 있는 내용을 성공적으로 수행하였는지를 평가해야 한다.

2 평가 방법

평가자 체크리스트

학습내용	평가항목	성취 수준		
		상	중	하
네일 랩 접착 방법	- 완 재단한 네일 랩을 기포가 들어가지 않게 접착하는 능력			
	- 반 재단한 네일 랩을 기포가 들어가지 않게 접착하는 능력			
	- 접착된 네일 랩의 여분을 안전하게 재단하는 능력			
	- 네일 접착제가 네일 주변 피부에 닿지 않고 정확하게 네일 랩을 접착하는 능력			
	- 완 재단한 네일 랩을 올바르게 고정하는 능력			
	- 반 재단한 네일 랩을 올바르게 고정하는 능력			

* 피드백– 평가자 체크리스트
네일 랩 접착 과정, 네일 랩 고정 방법, 네일 랩의 여분 마무리 작업 등을 인지하고 있는지 평가하고 보충학습을 실시한다.

11 주차 네일 랩 파일링 방법

랩 네일(LM1201010405_17v4)

01 학습모듈 개요

인조 네일의 보강을 위해 네일 랩을 적용할 수 있다.

02 학습 목표

① 네일 상태에 따라 랩의 두께를 조절할 수 있다.

② 형태를 조형하기 위해 기초 구조를 만들 수 있다.

03 수행 내용

① 큐티클 라인의 중앙과 프리에지 단면이 수평이 되게 일직선으로 네일 파일링한다.

② 정면에서 왼쪽 외관라인을 확인하고 프리에지까지 일직선이 되도록 왼쪽과 오른쪽 외관라인을 네일 파일링한다.

③ 손가락을 왼쪽으로 돌려 프리에지와 90° 각도를 유지하면서 프리에지까지 왼쪽 옆면 라인이 일직선이 되도록 네일 파일링한다.

④ 인조 네일용 파일을 사용하여 랩 네일의 표면을 인조 네일의 구조에 맞게 조형한다. 프리에지의 두께가 0.5~1mm 미만, 씨 커브를 20~40%가 되도록 조절한다.

⑤ 하이 포인트를 중심으로 완만한 곡선이 형성되도록 인조 네일의 전체를 네일 파일링한다.

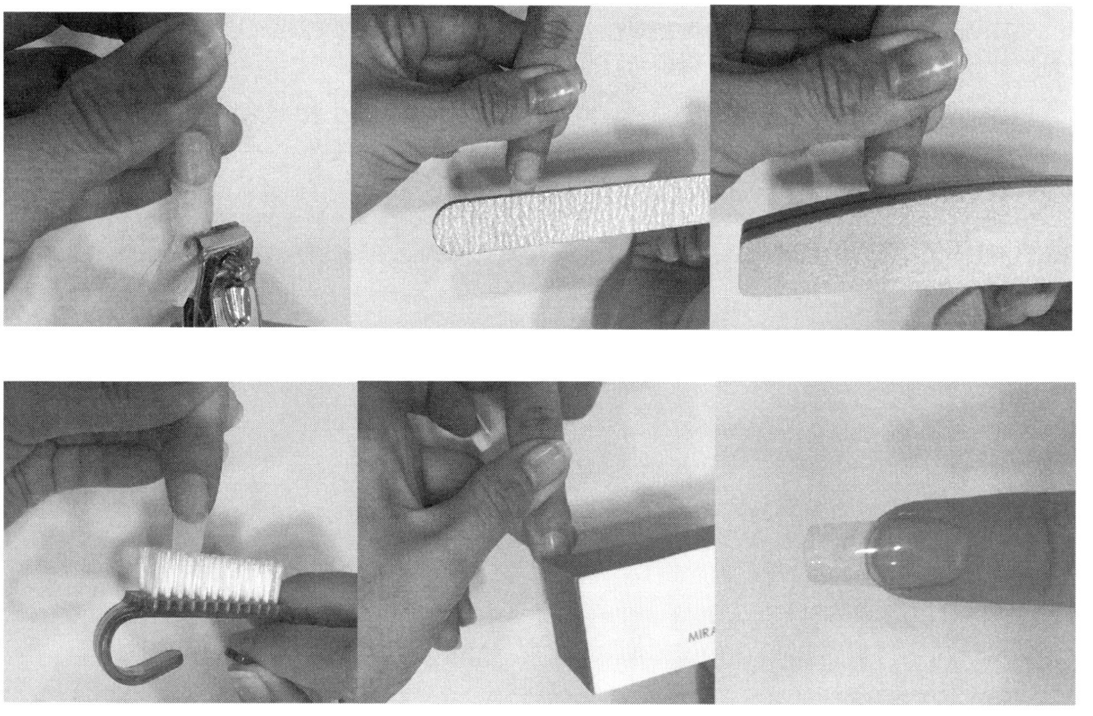

04 교수 · 학습 방법

1 교수 방법

① 인조 네일의 구조를 이해하고 인조네일의 파일 순서와 방법 및 원리를 습득할 수 있도록 설명한다.

② 네일 랩의 파일 작업에서 인조 네일의 조형 작업을 정확히 실습할 수 있도록 지도한다.

2 학습 방법

① 네일 랩 작업 시 인조 네일의 구조를 고려하여 네일 파일을 사용하여 작업한다.

② 네일 랩의 마무리 작업 시 고객이 요구하는 유형의 네일 형태를 완벽히 수행할 수 있도록 한다.

05 평가

1 평가 준거

평가자는 학습자가 수행준거 및 평가항목에 제시되어 있는 내용을 성공적으로 수행하였는지를 평가해야 한다.

2 평가 방법

평가자 체크리스트

학습내용	평가항목	성취 수준		
		상	중	하
네일 랩 프리에지 연장 방법	- 완 재단으로 접착한 네일 랩의 프리에지를 연장하는 능력			
	- 반 재단으로 접착한 네일 랩의 프리에지를 연장하는 능력			
	- 필러 파우더를 네일 접착제에 적용하여 프리에지를 연장하는 능력			
	- 뭉침 현상 없이 투명하게 두께를 조절하는 능력			
	- 형태를 조형하기 위해 적절한 네일 접착제를 선택하여 인조 네일의 기초 구조를 조형하는 능력			
랩 네일 형태 조형 방법	- 제시한 프리에지의 길이와 두께로 정확하게 스퀘어 형태로 조형하는 능력			
	- 인조 네일용 파일을 사용하여 랩 네일을 인조 네일의 구조로 정확하게 조형하는 능력			
	- 샌딩 파일을 사용하여 랩 네일을 세밀하게 다듬는 능력			

* 피드백 – 평가자 체크리스트
네일 랩 길이 연장 과정과 조형 방법 등을 인지하고 있는지 평가하고 부족한 부분은 보충 학습을 실시한다.

CHAPTER

4

아크릴릭 네일

12 주차 아크릴릭

아크릴 네일(LM1201010407_17v4)

01 학습모듈 개요

네일 폼과 아크릴을 적용하여 네일의 길이를 연장하고 조형할 수 있다.

02 학습 목표

① 연습용 인조 손에 네일 폼을 장착할 수 있다.

② 연습용 인조 손에 브러시를 사용하여 아크릴 화장물을 적용할 수 있다.

03 학습 내용

1 아크릴릭

(1) 네일 폼

네일 폼은 인조 네일을 조형할 때 네일 프리 에지 길이 연장과 다양한 형태 조형의 기본 틀로 사용된다. 네일 폼은 종이 재질인 종이 폼, 메탈 재질인 메탈폼, 비닐 재질인 비닐 폼으로 나뉜다.

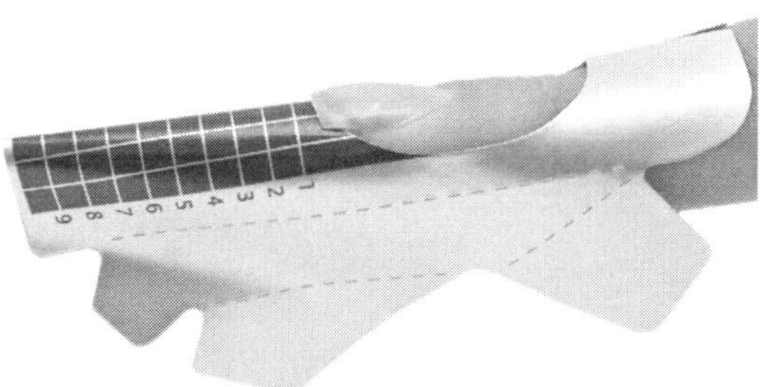

2 브러시를 사용하여 아크릴 화장물 적용하기

(1) 브러시의 사용 방법

아크릴 전용 브러시를 사용할 때 사용 각도에 따라 아크릴 혼합 볼(믹스춰 볼)의 크기를 다르게 만들어 활용할 수 있다.

(2) 브러시의 보관 방법

아크릴 전용 브러시를 사용한 후 모노머를 적셔 브러시의 겉면을 흡수가 잘 되는 키친타월 등에 닦아낸 후 가지런히 모아 보관한다. 아크릴 재료가 묻어 굳어버린 브러시는 브러시 클리너에 세척하여 가지런히 모아 보관한다.

04 수행 내용

1 네일 폼 장착하기

① 네일 폼을 준비하고 가운데 타원형 부분을 떼어 뒷면에 덧붙인다.

② 네일 폼을 수평으로 장착한다.

2 네일과 네일 폼 사이의 틈

네일 폼을 장착할 때에는 네일과 네일 폼 사이에 틈이 생기지 않도록 밀착하여 장착해야 하며, 네일 밑의 하이포니키움 쪽으로 아크릴 화장물이 스며들어 피부에 닿아 굳는 일이 없도록 주의한다.

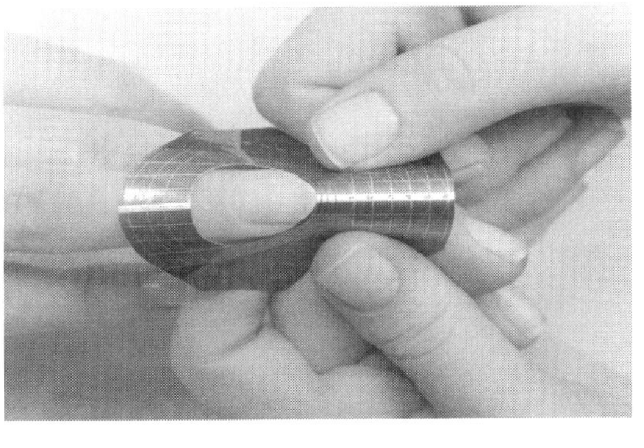

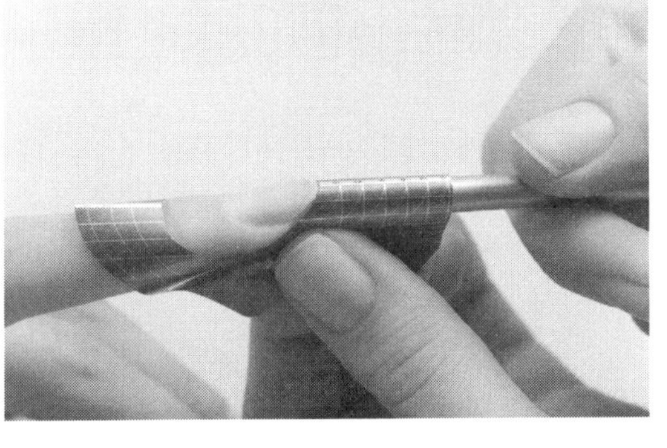

3 아크릴 브러시를 사용하여 아크릴 화장물 적용하기

① 아크릴 브러시를 사용하여 각도에 따라 혼합된 볼의 크기를 조절할 수 있다.

② 모노머와 폴리머의 적절히 혼합하여 사용한다.

③ 브러시의 사용 부위에 따른 연습을 한다.

브러시의 팁(Tip), 벨리(Belly), 백(Back), 전체 부분을 사용하여 세밀한 라인 만들기, 편평한 판 만들기 등 모노머와 폴리머 혼합 볼 움직이기와 멈추기를 훈련한다.

④ 인조 손에 아크릴 혼합 볼을 올려 프리에지, 네일베드, 전체 형태 조형 연습을 한다.

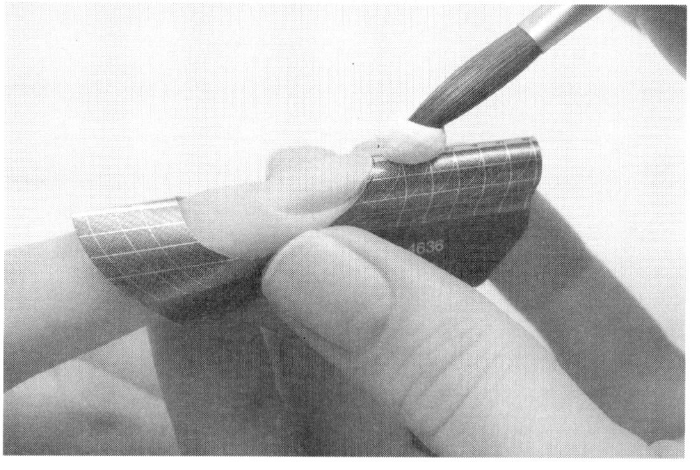

4 표면 정리 및 광택 마무리

① 네일 폴드 부분을 네일 파일링한다. 피부의 손상 없이 자연스런 연결을 한다.

② 인조 네일의 네일 파일링 순서에 맞추어 표면을 샌딩 파일로 네일 파일링한다.
샌딩 파일을 이용한 네일 파일링으로 표면을 매끈하게 정리한다.

③ 벽돌 형태의 샌딩 블럭 파일을 선택하여 표면을 매끈하게 정리할 수 있다.

④ 광택용 파일을 사용하여 마무리한다.

05 교수 · 학습 방법

1 교수 방법

① 아크릴 브러시의 사용 방법과 보관 방법을 설명한다.

② 네일 파일의 거칠기에 따른 종류와 활용 방법에 대해 설명한다.

2 학습 방법

① 아크릴 브러시의 사용 방법을 숙지하고 보관 방법에 따라 정리한다.

② 네일 파일의 거칠기와 활용 방법을 이해한다.

06 평가

1 평가 준거

평가자는 학습자가 수행준거 및 평가항목에 제시되어 있는 내용을 성공적으로 수행하였는지를 평가해야 한다.

2 평가 방법

평가자 체크리스트

학습내용	평가항목	성취 수준		
		상	중	하
연습용 인조 손에 네일 팁 장착	- 연습용 인조 손에 자연 네일 대용의 네일 팁을 장착하는 능력			
연습용 인조 손에 네일 폼 장착	- 연습용 인조 손을 활용하여 올바르게 네일 폼을 적용하는 능력			
연습용 인조 손에브러시를 사용하여 아크릴 화장물 적용	- 적합한 방법으로 아크릴 브러시를 사용하는 능력			
네일 파일의 올바른 적용	-네일 파일을 활용한 아크릴 네일의 파일 방법 능력			

* 피드백 – 평가자 체크리스트
아크릴 화장물의 적용 농도를 이해하고 네일 베드 모양을 조형할 수 있도록 보충 학습을 실시한다.

13 주차 아크릴 원톤 스컬프처

아크릴 네일(LM1201010407_17v4)

01 학습모듈 개요

네일 폼과 아크릴을 적용하여 네일의 길이를 연장하고 조형할 수 있다.

02 학습 목표

① 고객의 요구에 따라 프리에지의 길이를 연장할 수 있다.

② 고객의 요구에 따라 아크릴 원톤 스컬프처를 위한 두께를 조절할 수 있다.

03 학습 내용

1 아크릴 원톤 스컬프처

(1) 프리에지의 두께

프리에지의 길이를 먼저 정하고 프리에지 두께를 조형하는데 이때 필요한 기능은 아크릴 브러시의 부위별 사용 방법을 익히는 것이다.

(2) 전체적인 두께

전체적인 인조 네일의 두께를 조형할 때에는 아크릴 화장물의 양 컨트롤이 중요하다.

(3) 재료 및 도구

아크릴릭 리퀴드, 리퀴드 볼, 클리어 파우더, 브러시, 네일 폼, 실크 가위, 프라이머, 큐티클 오일, 우드 파일, 샌딩 파일 블록, 광파일, 더스트 브러시

04 수행 내용

1 원톤 스컬프처 프리에지 길이 연장

(1) 프리에지의 길이를 연장한다.

브러시의 보디 부분 중 팁(Tip)과 밸리(Belly) 부분을 활용하여 프리에지 부분의 너비를 조형한다.

(2) 프리에지의 길이를 브러시의 보디 부분 중 벨리(Belly)와 백(Bag) 부분을 활용하여 프리에지 길이와 형태를 조형한다.

(3) 프리에지 두께 조형하기

브러시의 보디 부분 중 벨리(Belly)와 백(Bag) 부분을 활용하여 눌러주며 두께를 조형한다. 브러시의 팁(Tip) 부분으로 스트레스 포인트 연결 부분과 하이 포인트 부분도 섬세하게 보완한다.

(4) 전반적인 두께를 조형한다.

브러시의 팁(Tip), 벨리(Belly), 백(Back) 전체 부분을 사용하여 모노머와 폴리머 혼합 볼 움직이기와 멈추기를 훈련한다.

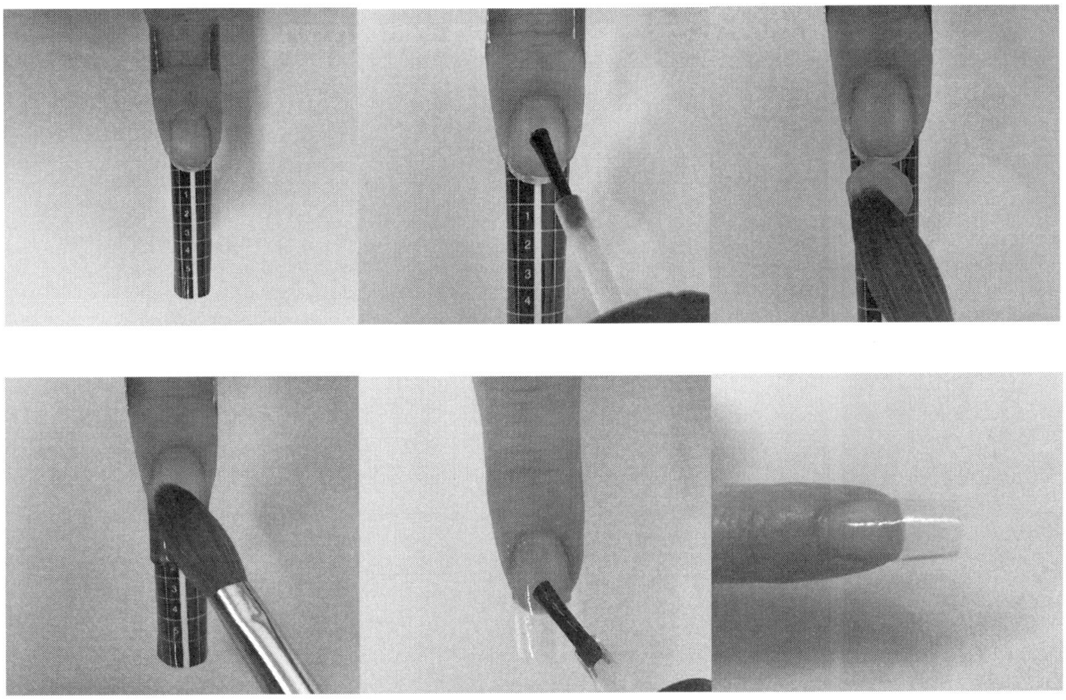

05 교수 · 학습 방법

1 교수 방법

① 아크릴 브러시의 사용 방법과 보관 방법을 지도한다.

② 원톤 스컬프처의 길이, 두께, 형태에 대하여 상호 작업을 통하여 수업을 진행한다.

2 학습 방법

① 아크릴 브러시의 사용 방법을 학습하고, 보관 방법에 따라 정리한다.

② 원톤 스컬프처의 길이, 두께, 형태에 대하여 상호 작업을 통하여 수업을 진행한다.

06 평가

1 평가 준거

평가자는 학습자가 수행준거 및 평가항목에 제시되어 있는 내용을 성공적으로 수행하였는지를 평가해야 한다.

2 평가 방법

평가자 체크리스트

학습내용	평가항목	성취 수준		
		상	중	하
원톤 스컬프처 프리에지의 길이 연장과 두께 조절	- 고객의 요구에 따른 프리에지의 길이 연장능력			
	- 고객의 요구에 따른 아크릴 원톤 스컬프처 두께 조절 능력			
원톤 스컬프처의 형태 조형	- 고객의 요구에 따른 아크릴 원톤 스컬프처의 형태 조형 능력			

* 피드백 – 평가자 체크리스트
프리에지 연장을 위해 아크릴 화장물의 농도 조절과 양 조절의 숙련이 가능하도록 학습을 실시한다.

14 주차 아크릴 프렌치 스컬프처

아크릴 네일(LM1201010407_17v4)

01 학습모듈 개요

네일 폼과 아크릴을 적용하여 네일의 길이를 연장하고 조형할 수 있다.

02 학습 목표

① 화이트 아크릴 파우더로 스마일 라인을 조형할 수 있다.

03 학습 내용

1 스마일 라인 파악

스마일 라인은 자연 네일에서 보이는 옐로 라인을 커버하는 것을 원칙으로 하며 쉐입이 일정하며 라인의 경계선이 명확해야 한다. 조형된 스마일 라인의 깊이와 각도 등의 형태가 대부분 같은 스타일로 조형되어야 하며 스마일 라인의 좌우대칭이 정확하고 양끝 팁의 높이가 서로 일치하여야 한다. 일정한 모양의 스마일 라인의 조형은 브러시의 팁(Tip) 부분의 숙련된 기술이 필요하므로 많은 연습이 요구된다.

2 재료 및 도구

아크릴릭 리퀴드, 리퀴드 볼, 클리어 파우더, 브러시, 네일 폼, 실크 가위, 프라이머, 큐티클 오일, 우드 파일, 샌딩 파일 블록, 광파일, 더스트 브러시

04 수행 내용

1 스마일 라인 조형하기

(1) 화이트 파우더를 사용하여 스마일 라인을 조형한다. 화이트 파우더를 사용하여 스마일 라인의 좌우 대칭을 맞춘다. 스마일 라인은 10개 네일의 일정한 모양과 좌우대칭이 필수이다.

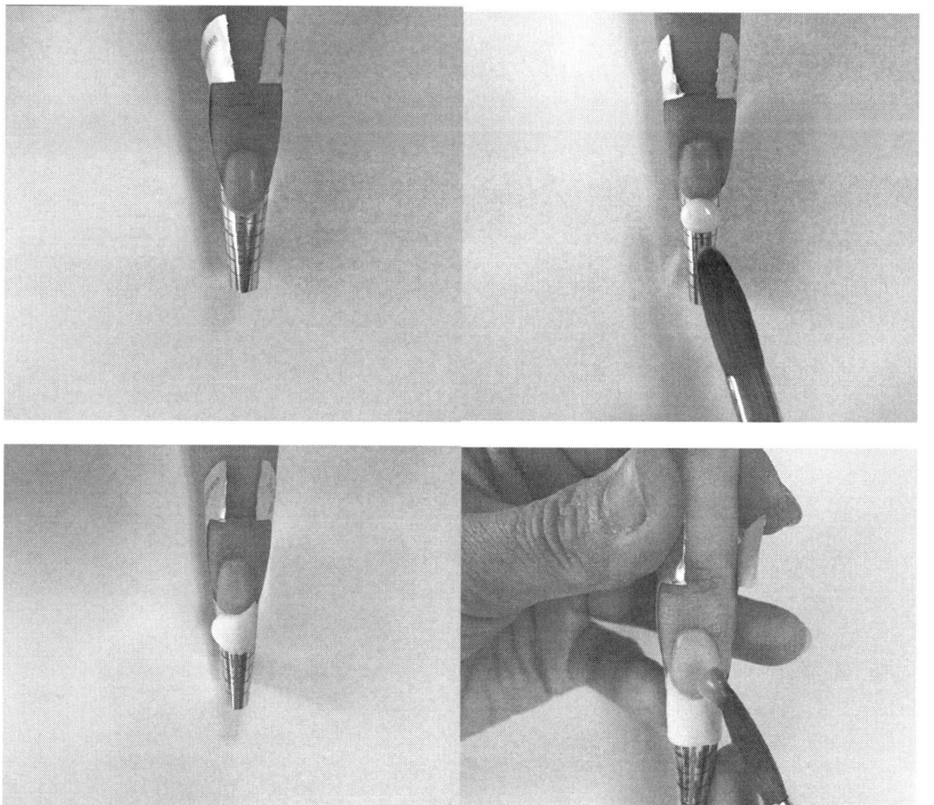

2 프렌치 스컬프처 길이 연장하기

① 프렌치 스컬프처의 길이 연장은 스마일 라인의 조형과 동시에 진행한다.

② 프리에지 조형하기(프리에지를 조형할 때에는 스마일 라인의 선명함과 좌우 대칭에 유의한다.)

③ 네일의 중간 위치의 하이 포인트를 조형하면서 다시 한 번 전체적인 두께를 조절한다.

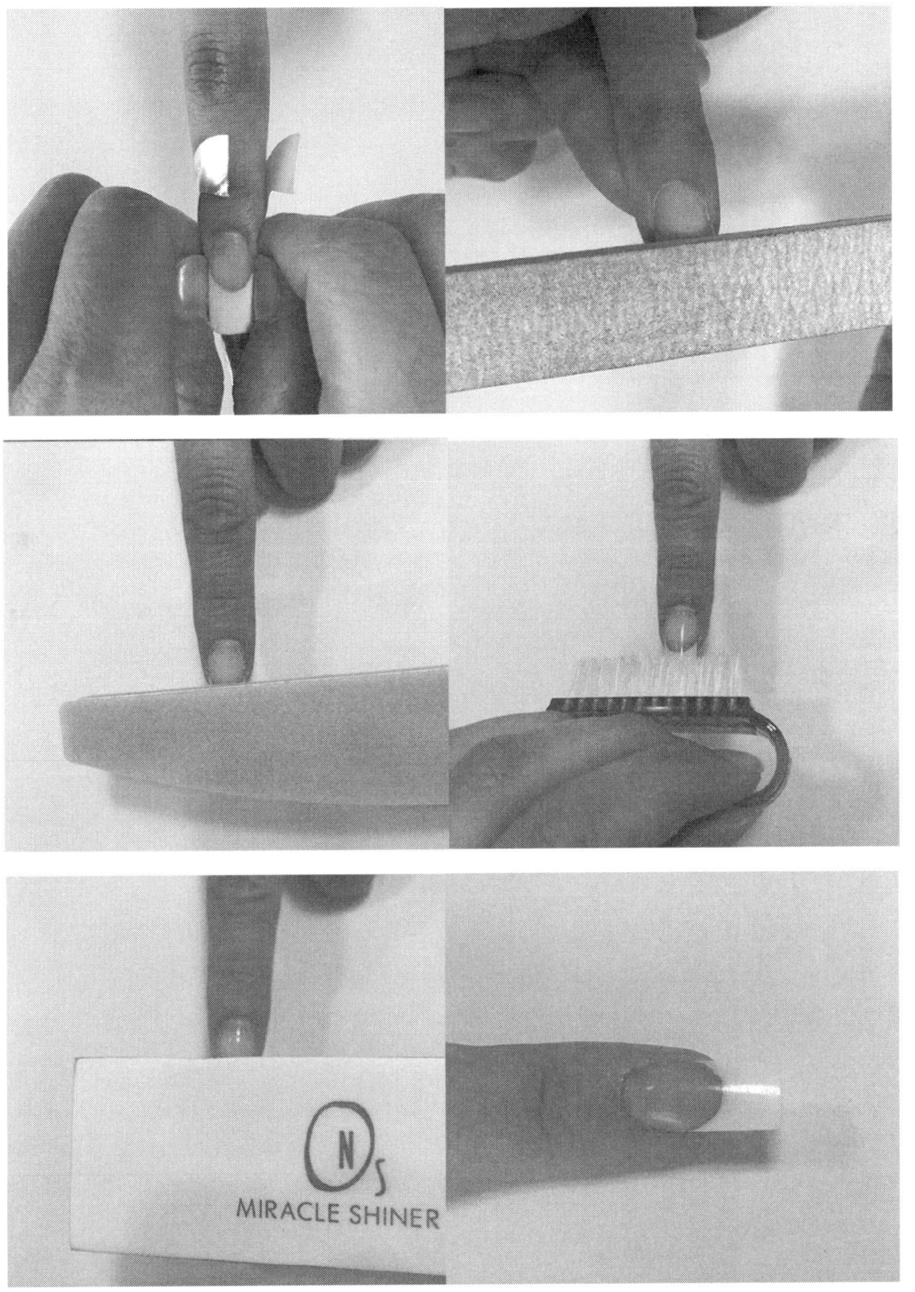

05 교수 · 학습 방법

1 교수 방법

① 아크릴의 화학적인 구조를 설명한다.

② 스마일 라인과 다양한 형태에 대해 설명한다.

2 학습 방법

① 아크릴 브러시의 사용 방법을 학습하고 보관 방법에 따라 정리한다.

② 스마일 라인의 다양한 형태에 대해 이해하고 명확한 조형 방법을 학습한다.

06 평가

1 평가 준거

평가자는 학습자가 수행준거 및 평가항목에 제시되어 있는 내용을 성공적으로 수행하였는지를 평가해야 한다.

2 평가 방법

평가자 체크리스트

학습내용	평가항목	성취 수준		
		상	중	하
스마일 라인 조형	- 화이트 아크릴 파우더로 스마일 라인 조형능력			
프렌치 스컬프처 프리에지의 길이 연장	- 고객의 요구에 따른 프리에지의 길이 연장능력			
프렌치 스컬프처의 두께 조절과 형태 조형	- 고객의 요구에 따른 아크릴 프렌치 스컬프처 두께 조절 능력			
	- 고객의 요구에 따른 아크릴 프렌치 스컬프처의 형태 조형 능력			

* 피드백 – 평가자 체크리스트
브러시 활용 능력이 숙련될 수 있도록 학습을 실시한다.

15 주차 제2차 직무수행능력평가

<table>
<tr><th colspan="8">직무수행능력평가 2차 배점표</th></tr>
<tr><td>교과목명</td><td colspan="5">응용 네일미용</td><td>담당교수</td><td></td></tr>
<tr><td>학과명</td><td>뷰티약손
미용과</td><td>학년</td><td>1</td><td>분반</td><td></td><td>학점</td><td>02</td></tr>
<tr><td colspan="2" rowspan="4">능력단위명
(능력단위코드)</td><td colspan="6">기초 팁 네일(1201010417_16v1)</td></tr>
<tr><td colspan="6">랩 네일(1201010405_16v3)</td></tr>
<tr><td colspan="6">아크릴 네일(1201010407_16v3)</td></tr>
<tr><td colspan="6">팁 위드 랩(1201010419_16v3)</td></tr>
<tr><td colspan="7">영역(능력단위요소) 및 수행준거</td><td>배점</td></tr>
<tr><td colspan="2">영역(능력단위요소)</td><td colspan="5">랩 연장하기</td><td>4.00</td></tr>
<tr><td colspan="2">수행준거</td><td colspan="5">평가내용</td><td>배점</td></tr>
<tr><td colspan="8">아크릴 원톤 스컬프처하기 : 고객의 요청에 따라 연장된 랩 네일의 프리에지 형태를 조형할 수 있다. 또한, 연장된 랩 네일의 표면을 인조 네일 구조에 맞춰 정리할 수 있다.</td></tr>
<tr><td colspan="2">영역(능력단위요소)</td><td colspan="5">아크릴 원톤 스컬프처하기</td><td>2.00</td></tr>
<tr><td colspan="2">수행준거</td><td colspan="5">평가내용</td><td>배점</td></tr>
<tr><td colspan="8">시술 매뉴얼에 따라 네일과 폼 사이에 틈이 없도록 폼을 끼워 줄 수 있다.</td></tr>
<tr><td colspan="2">영역(능력단위요소)</td><td colspan="5">아크릴 프렌치 스컬프처 하기</td><td>2.00</td></tr>
<tr><td colspan="2">수행준거</td><td colspan="5">평가내용</td><td>배점</td></tr>
<tr><td colspan="8">고객의 요청에 따라 네일 위에 보강하거나 원톤 스컬프처, 내추럴 스컬프처, 프렌치 스컬프처, 디자인 스컬프처를 선택하여 시술할 수 있다.</td></tr>
<tr><td colspan="2">영역(능력단위요소)</td><td colspan="5">프렌치 팁 작업하기</td><td>4.00</td></tr>
<tr><td colspan="2">수행준거</td><td colspan="5">평가내용</td><td>배점</td></tr>
<tr><td colspan="8">자연 네일의 크기에 알맞은 프렌치 팁의 크기를 선택할 수 있다. 또한, 필러 파우더를 사용하여 인조 네일을 조형할 수 있다.</td></tr>
<tr><td colspan="2">영역(능력단위요소)</td><td colspan="5">내추럴 팁 작업하기</td><td>2.00</td></tr>
<tr><td colspan="2">수행준거</td><td colspan="5">평가내용</td><td>배점</td></tr>
<tr><td colspan="8">내추럴 팁의 팁 턱을 자연 네일의 손상 없이 제거할 수 있다.</td></tr>
</table>

영역(능력단위요소)	랩 네일 네일 팁 적용하기	2.00
수행준거	평가내용	배점
네일 팁의 종류에 따라 팁과 자연 네일의 단차를 제거할 수 있다.		
영역(능력단위요소)	네일 랩 적용하기	2.00
수행준거	평가내용	배점
인조 네일의 보강을 위하여 랩 화장물을 순서에 따라 적용할 수 있다.		
영역(능력단위요소)	네일 파일 적용하기	2.00
수행준거	평가내용	배점
광택과 완성도를 위하여 순차적인 네일 파일을 선택하여 작업할 수 있다.		
합계		30.00
채점기준		

포트폴리오

과목 : ______________________________

학번 : ______________________________

이름 : ______________________________

1 네일 팁의 웰의 구분

이미지	명칭	특징

2 네일 파일 적용하기

3 팁 위드 랩 작업하기

4 네일 랩 접착하기

5 네일 랩 연장하기

6 아크릴 원톤 스컬프처 하기(측면, C커브)

7 아크릴 프렌치 스컬프처 하기(측면, C커브)